L'ÉLECTRICITÉ

AU

THÉATRE

PAR

Julien LEFÈVRE o. i.

PROFESSEUR A L'ÉCOLE DES SCIENCES DE NANT

115 FIGURES

PARIS

A. GRELOT, ÉDITEUR DE L'ENCYCLOPÉDIE ÉLECTRIQUE

18, RUE DES FOSSÉS-SAINT-JACQUES, 18

L'ÉLECTRICITÉ AU THÉATRE

L'ÉLECTRICITÉ

AU

THÉATRE

PAR

Julien LEFÈVRE o. i.

PROFESSEUR A L'ÉCOLE DES SCIENCES DE NANTES

115 FIGURES

PARIS

A. GRELOT, Éditeur de l'Encyclopédie électrique

18, RUE DES FOSSÉS-SAINT-JACQUES, 18

PRÉFACE

*Que de changements se sont produits dans le
théâtre depuis son origine ! Quel contraste entre les
tréteaux primitifs où furent joués les mystères du
moyen âge, où Tabarin exécuta ses joyeuses farces à
la lueur jaunâtre de quelques chandelles fumeuses,
et les salles de théâtre brillamment illuminées où
s'étalent aujourd'hui les merveilles de la mise en
scène moderne. Sans remonter aussi loin, il suffit,
pour mesurer les progrès accomplis, de jeter les
yeux sur ce que nous voyons autour de nous et de
lire ce qu'écrivait Lavoisier, il y a un siècle, sur les
théâtres de cette époque.*

*« Il est peu de ceux qui m'entendent, disait cet
illustre savant, en 1781, qui n'aient vu déranger les
spectateurs pour moucher les chandelles de suif dont
les lustres des théâtres étaient garnis. On n'a pas
oublié sans doute combien ces lustres offusquaient la
vue d'une partie des spectateurs, principalement aux
secondes loges ; aussi les plaintes du public ont-elles
obligé d'en supprimer successivement ls plus grand
nombre. On a suppléé à ceux de l'avant-scène en*

renforçant les lampions de la rampe et l'on a substitué la cire au suif et à l'huile; les lustres qui fon-
daient sur l'amphithéâtre ont été réunis en un seul,
placé dans le milieu, et la contexture en a été rendue
plus légère : telle est encore aujourd'hui la manière
dont sont éclairées nos salles de spectacle. Mais, quelque avantageuses qu'aient été les réformes qui ont
été faites, elles ont entraîné deux inconvénients :
premièrement, il règne dans toutes les parties de la
salle qui ne sont pas éclairées par la rampe, notamment à l'orchestre et à l'amphithéâtre, et même dans
une partie des loges, une obscurité telle qu'on y
reconnaît difficilement, à quelque distance, les personnes qui y sont placées, et qu'il n'est pas possible
d'y lire de l'impression... »

Il est incontestable que l'adoption du gaz d'éclairage a contribué pour une bonne part, au moins en
ce qui concerne l'éclairage, à améliorer l'installation
des théâtres; mais cet agent, dont le concours a paru
d'abord si précieux, ne nous suffit plus aujourd'hui.
Depuis quinze ans au moins, il n'est personne qui
n'ait vivement souhaité de voir s'introduire et régner
en souveraine maîtresse dans les théâtres l'électricité, cette puissance mystérieuse qui peut nous dis-
penser, avec une lumière éclatante, exempte de tout
danger d'incendie, une force motrice douée d'une
admirable souplesse et d'une précision parfaite, se
prêtant aussi bien à la manœuvre des décors les plus
lourds qu'à l'exécution des trucs les plus délicats.

Ce programme n'a reçu jusqu'ici qu'un commencement d'exécution, et encore a-t-il fallu des catas-
trophes terribles pour vaincre toutes les résistances

et faire entrer l'électricité dans des locaux où son installation, il faut bien le dire, présentait souvent des difficultés très sérieuses. Après l'incendie de l'Opéra-Comique, en 1887, un grand nombre de théâtres ont adopté immédiatement l'éclairage électrique, et beaucoup d'autres depuis ont suivi cet exemple.

Enfin, dans ces dernières années, une nouvelle voie s'est ouverte; les théâtres qui possèdent un courant suffisamment puissant, produit soit dans leur propre usine, soit dans une station extérieure, ont songé souvent à se servir de l'électricité pour un certain nombre de trucs et d'effets nouveaux dont on n'aurait jamais songé à lui demander la réalisation, quand il fallait se contenter d'une batterie de piles d'un montage malpropre et d'un fonctionnement dangereux. Le dernier mot n'est pas dit : bien des services du même genre seront encore demandés à l'électricité; nous croyons même que d'ici peu d'années elle jouera un rôle important dans la machinerie, où elle se borne aujourd'hui, à faire mouvoir dans quelques théâtres, le lourd rideau de fer destiné à assurer la sécurité des spectateurs. En attendant qu'il en soit ainsi, nous avons pensé qu'elle occupe déjà une place assez importante et que ses usages sont déjà assez nombreux pour que le moment soit venu de les faire connaître.

Nous nous proposons donc d'indiquer dans ce volume les applications actuelles de l'électricité dans les théâtres : la première partie est consacrée à l'éclairage et se termine par une courte description des installations de quelques théâtres. Nous avons *ensuite réuni avec soin tous les trucs, et surtout les plus récents, dans lesquels l'électricité intervient, dans les théâtres ou dans la prestidigitation, soit comme source de lumière, soit comme force motrice. Nous traitons ensuite de l'emploi de cet agent dans l'orchestre et dans la machinerie. Enfin le dernier chapitre est consacré au Théâtrophone, cette application toute nouvelle qui complète si bien le téléphone et nous permet d'assister aux représentations théâtrales sans quitter notre fauteuil, voire même notre lit, en attendant que le téléphote, cet instrument si désiré, vienne compléter l'illusion et nous fournir, autre merveille, le moyen de voir, dans les mêmes conditions et sans plus de fatigue, les acteurs eux-mêmes et le décor qui les entoure, les splendeurs de la mise en scène et les gracieuses évolutions du corps de ballet.*

Julien LEFÈVRE.

L'ÉLECTRICITÉ AU THÉATRE

I

LE PASSÉ ET L'AVENIR DE L'ÉLECTRICITÉ DANS LES THÉATRES

Historique. — Le vif éclat de l'arc électrique le rend éminemment propre à fournir sur la scène des théâtres une brillante lumière, susceptible d'être utilisée dans une foule de circonstances. Aussi, dès que Foucault eut imaginé, vers 1840, le premier régulateur électrique, on songea immédiatement à cette application et le nouveau mode d'éclairage fit, en 1846, sa première apparition sur la scène de l'Opéra, à Paris, pour figurer dans *le Prophète* le disque du soleil levant; puis il fut chargé successivement de la production de tous les effets de scène du même genre. Cependant, tant que les piles constituèrent le seul moyen pratique de produire le courant, l'électricité

fut réduite à ce rôle modeste, et même, dans un grand
nombre de théâtres, on préférait la remplacer par la
lumière oxhydrique, dont la préparation, beaucoup
plus rapide, n'entraînait pas la manipulation si lente et
si désagréable des piles. Pendant longtemps, l'Opéra
ne posséda, pour toute source d'électricité, qu'une
batterie de 50 éléments Bunsen, que des ouvriers
expérimentés, sous l'habile direction de M. Duboscq,
parvenaient à monter en une demi-heure, lorsqu'on
voulait s'en servir. Cette batterie alimentait des régulateurs du système Foucault-Duboscq.

Ce fut seulement beaucoup plus tard, lorsque l'emploi des machines dynamo-électriques commença à se
répandre, qu'on put songer à se servir de l'énergie
électrique pour l'éclairage complet de la scène et de
la salle. L'Hippodrome de Paris donna l'exemple en
1878 et fut le premier théâtre entièrement éclairé par
l'électricité. L'Opéra reçut en 1883 une première installation, qui n'était pas destinée à assurer l'éclairage
de tout l'édifice, mais surtout à préserver les magnifiques peintures de Baudry de l'action destructive du
gaz. Cette installation, limitée à l'éclairage des lustres du grand foyer, du grand escalier, de la salle et
de la rampe, comportait environ 1800 lampes à incandescence et 20 foyers à arc. Les résultats obtenus,
absence de chaleur, augmentation d'éclat dans la
salle, furent si satisfaisants que le ministre des Beaux-
Arts se décida, en juillet 1886, à augmenter l'installation pour la rendre capable d'assurer l'éclairage com-

plet, afin de supprimer entièrement le gaz sur la scène et dans les bureaux de l'administration.

Installation de l'éclairage électrique dans les théâtres. — Malgré ses avantages incontestables et l'exemple donné par l'Opéra, l'éclairage électrique ne pénétrait que lentement dans les théâtres ; la plupart des directeurs ou des administrations reculaient devant les frais nécessités par son installation et souvent aussi devant la difficulté de placer, dans des locaux déjà insuffisants et enserrés de toutes parts par les maisons voisines, les dynamos et les machines à vapeur destinées à les alimenter.

On installait électriquement environ 10 théâtres par an en Europe et autant en Amérique. Vers le milieu de 1887, on pouvait en compter une cinquantaine possédant ce nouveau mode d'éclairage, parmi lesquels nous citerons : l'Opéra, les Variétés, le Palais-Royal et le Châtelet, à Paris ; les salles du Prince, Empire, Haymarket et Syric, à Londres ; l'Alhambra et la salle Molière, à Bruxelles ; le Grand-Théâtre et le théâtre flamand, à Anvers ; la Scala et la salle Philodramatique, à Milan ; l'Alexandra, à Saint-Pétersbourg ; les théâtres de Stuttgart, Brünn, Cologne, Prague, Carlsbad, Magdebourg, Munich, etc.'

La situation changea complètement lorsque la terrible catastrophe de l'Opéra-Comique de Paris (25 mai 1887) et celle du théâtre d'Exeter en Angleterre eurent montré une fois de plus les dangers que présente le gaz d'éclairage. Plus de cent directeurs se mirent à l'œuvre; à Paris, tous les théâtres se décidèrent immédiatement à adopter la lumière électrique et rivalisèrent à qui serait le plus vite muni de ce nouveau mode d'éclairage, afin de calmer les terreurs, malheureusement trop justifiées, du public.

La Comédie-Française rouvrit ses portes la première, éclairée par l'électricité, le 22 août. La dernière représentation à la lumière du gaz ayant eu lieu le 14 juillet, les électriciens avaient eu seulement environ 40 jours pour poser toute la canalisation, installer les machines, faire les essais, etc. Dans les autres théâtres, les travaux étaient poussés avec la même activité. Les Menus-Plaisirs, le Vaudeville, l'Eldorado, les Variétés faisaient leur réouverture avec le nouvel éclairage du 1er au 30 septembre, la Gaîté, l'Ambigu, la Renaissance et la Porte-Saint-Martin en novembre. Ces neuf théâtres avaient reçu, en moins de quatre mois, plus de 7000 lampes à incandescence. En ajoutant l'Opéra et le théâtre du Palais-Royal, dont l'installation était terminée depuis quelques mois et comprenait 6800 à 7000 lampes à incandescence, on avait placé en peu de temps, dans les théâtres de Paris, un total d'environ 14 000 foyers électriques.

Depuis cette époque, l'emploi de l'éclairage électrique s'est beaucoup généralisé et on le trouve aujourd'hui dans un grand nombre de théâtres, soit en province, soit à l'étranger. L'établissement de stations centrales dans un certain nombre de villes a beaucoup favorisé ce développement, en permettant d'alimenter cet éclairage par les distributions municipales et d'éviter la création d'une usine particulière dans chaque théâtre.

Autres applications de l'électricité au théâtre. — En même temps que la lumière électrique se répandait de plus en plus dans les théâtres, on a songé à demander au courant un certain nombre d'autres services. C'est ainsi qu'on s'en sert aujourd'hui pour produire des effets de scène variés, dus non seulement à la lumière, mais encore à l'emploi de moteurs. Malheureusement ces appareils n'ont presque jamais été employés jusqu'ici pour la machinerie; ils pourraient cependant rendre de grands services. D'autres applications, n'exigeant qu'un nombre restreint d'éléments de piles, ont pu se développer isolément : tels sont les orgues électriques.

Auditions téléphoniques. — Enfin le théâtre utilise encore une autre branche de l'électricité. Dès 1881, l'on songea à se servir du téléphone, alors nouvellement inventé, pour l'audition à distance des représentations théâtrales. Les premiers essais eurent lieu à l'Exposition d'électricité de Paris, où l'on établit la communication avec l'Opéra, l'Opéra-Comique et la Comédie-Française. Des essais analogues eurent lieu la même année dans un certain nombre d'autres villes. Enfin depuis quelques années, surtout depuis la création à Paris de la Société du Théâtrophone, les auditions téléphoniques sont entrées définitivement dans la pratique. Ajoutons enfin, pour terminer cette rapide énumération, que les théâtres peuvent employer encore d'une façon accessoire un certain nombre d'appareils électriques, tels que sonneries, avertisseurs, contrôleurs de rondes, etc.

L'avenir de l'électricité dans les théâtres. — Bien que l'électricité se soit en quelque sorte emparée des théâtres depuis quelques années, nous sommes persuadé qu'elle pourrait rendre encore beaucoup plus de services qu'on ne lui en demande. Par exemple, dans l'installation de l'éclairage électrique, on a généralement suivi les traditions de l'éclairage au gaz et l'on s'est borné presque partout à remplacer les becs de gaz par des lampes électriques, en conservant les mêmes intensités, les mêmes moyens de distribution et les mêmes jeux de lumière, au lieu de chercher à utiliser les qualités du nouvel agent pour obtenir des effets nouveaux. Ainsi, l'on s'est borné pour l'éclairage de la scène aux dispositions de rampes, de portants et de herses employées, pour ainsi dire, de temps immémorial, tandis qu'il serait sans doute possible d'obtenir des combinaisons nouvelles, les lampes électriques pouvant se placer facilement dans tous les sens et en tous les points voulus. Peut-être aussi pourrait-on utiliser la grande puissance des lampes électriques pour augmenter l'éclairement. Ainsi, à l'Opéra de Vienne, les herses portent des lampes de 32 bougies, tandis qu'à celui de Paris elles n'ont que des lampes de 16 bougies. Il résulte de là qu'à Vienne la toile de fond, qui n'a que 240 mètres carrés, est éclairée par des foyers d'une puissance totale de 1600 bougies, placés à une hauteur de 12 ou 13 mètres, tandis qu'à Paris la même toile, qui a 500 mètres, reçoit la lumière de 1120 bougies placées à 15 ou 20 mètres de hauteur.

A Londres, au théâtre dirigé par le célèbre acteur Irving, et dans lequel on joue toutes les pièces de Shakespeare, il n'y a pas de dessous. Pour faire les changements, on éteint complètement la salle, on ferme un rideau de velours noir, derrière lequel on effectue rapidement les manœuvres nécessaires, puis on éteint la scène et l'on ouvre le rideau. Un instant après, on rallume tout, et la lumière montre le décor et la figuration en place. Ce procédé, qui a été suivi aussi à l'Opéra-Comique, au commencement d'*Esclarmonde*, pourrait sans doute être utilisé plus souvent et donner de bons effets.

Les moteurs électriques n'ont servi jusqu'à présent qu'à réaliser quelques trucs ingénieux, que nous décrirons plus loin, ou à manœuvrer les rideaux de fer; ils sont appelés sans nul doute à rendre des services bien plus importants. Tous ceux qui ont pénétré quelquefois dans les coulisses d'un théâtre savent combien sont rudimentaires les procédés employés pour la manœuvre et la plantation des décors. A l'Opéra de Vienne, on a essayé de les faire conduire par des moteurs à vapeur; mais on y a renoncé à la suite d'accidents arrivés aux décors et même, malheureusement, au personnel du théâtre. Il est évident qu'on obtiendrait de biens meilleurs résultats en remplaçant la puissance brutale de la vapeur par celle de l'électricité, qui est douée d'une admirable souplesse et d'une précision parfaite, qui se laisse distribuer et transporter avec une facilité étonnante, de sorte qu'elle paraît faite tout exprès pour des applications de ce genre.

L'installation serait généralement des plus simples et procurerait une sérieuse économie : pour les théâtres qui sont alimentés par une canalisation de ville, il n'y aurait le plus souvent qu'à installer les moteurs nécessaires; on pourrait ajouter une petite batterie d'accumulateurs, pour éviter les à-coup en cas de grand effort brusque. Dans les théâtres possédant une usine spéciale d'électricité, procédé qui tendra d'ailleurs à disparaître à mesure que les distributions de ville se généraliseront, il faudrait généralement un assez grand nombre d'accumulateurs, car les machines installées pour l'éclairage ne suffiraient pas à donner le surcroît d'énergie nécessaire.

L'électricité paraît donc appelée à diriger un jour tous les services des théâtres; un tel changement ne peut s'effectuer en un jour; mais, si l'on regarde les progrès accomplis depuis quelques années, on peut espérer avec confiance que la réalisation de ces desiderata ne se fera pas trop attendre.

II

COMPARAISON DE L'ÉCLAIRAGE AU GAZ ET DE L'ÉCLAIRAGE ÉLECTRIQUE

Avantages et inconvénients de l'éclairage au gaz. — Dans un remarquable rapport adressé à la Commission des théâtres subventionnés, et auquel nous empruntons quelques passages, M. Mascart a mis en parallèle les avantages du gaz et ceux de l'électricité.

« Le gaz donne une lumière agréable à la vue et vivante, pour ainsi dire, par le mouvement de sa flamme, sans odeur sensible quand il est bien réglé, et pouvant prendre toutes les formes désirables par un simple changement des becs; dans les théâtres, en particulier, il répond à tous les besoins de la décoration et du service de la scène, sauf pour certains effets accessoires que l'on a pris l'habitude de demander à la lumière électrique.

« C'est enfin une lumière toujours prête à servir, ayant sa source en dehors de l'édifice, pratiquement

1.

inépuisable, qu'on allume, qu'on éteint ou qu'on modère à volonté, en chaque point, sans avoir à se préoccuper du nombre des becs allumés dans toute l'étendue de la distribution. »

Le gaz offre cependant des inconvénients; le plus grave est le danger d'incendie, danger qui est beaucoup plus grand sur la scène que dans la salle. « Il suffit d'avoir assisté une fois à la manœuvre hâtive et compliquée des décors pour être convaincu que les précautions les plus rigoureuses risquent de devenir illusoires. Les cintres sont encombrés de toiles au milieu desquelles montent, descendent et se balancent des herses, qui parfois ne portent pas moins de 100 becs de gaz. Les portants et les traînées communiquent par des tuyaux flexibles avec des robinets situés sous la scène; lorsque l'ajustage est terminé, l'appareilleur frappe du pied sur le plancher pour qu'on ouvre les robinets, et procède ensuite à l'allumage; mais tous les becs ne peuvent être allumés en même temps, et parfois il y a malentendu. Aussi n'est-il pas rare de voir à ce moment des flammes d'une longueur démesurée, qu'aucune réglementation pratique ne peut éviter d'une façon absolue. » L'examen des dangers produits, pendant toute une représentation, par l'éclairage au gaz, est absolument effrayant, et il faut une excellente organisation intérieure et un personnel parfaitement exercé pour que des incendies graves ne se produisent pas plus fréquemment.

L'altération de l'air est encore un défaut presque aussi important de ce mode d'éclairage. L'acide carbonique n'est pas bien nuisible tant qu'il n'existe qu'en petite proportion. La vapeur d'eau produite tend à augmenter l'état hygrométrique, généralement trop faible, des salles chauffées, à moins toutefois qu'elle ne soit assez abondante pour ruisseler sur les murs et les plafonds. Mais on ne peut négliger l'appauvrissement de l'air en oxygène qui résulte de la combustion. Un bec de gaz consommant 120 litres à l'heure transforme en acide carbonique une quantité d'oxygène qui suffirait à la respiration de quatre personnes, et il faut tripler ce chiffre si l'on veut tenir compte de la production de l'eau. Dans les salles bien éclairées, il y a au moins un bec de gaz par spectateur, parfois deux ou trois; l'air s'altère donc plus vite que si on décuplait le nombre des auditeurs. Il faut tenir compte aussi des produits qui prennent naissance quand la combustion est incomplète, et des particules de charbon qui se répandent alors dans l'atmosphère et viennent tapisser les poumons des personnes présentes comme les parois de la salle.

Avantages de l'éclairage électrique. — Les avantages que présente la lumière électrique dans les cas ordinaires, tels que l'éclairage des maisons et des appartements, deviennent encore plus précieux lorsqu'on utilise cette lumière dans les théâtres. Il en est un tout d'abord qu'on ne peut lui refuser : c'est l'intensité. L'air voltaïque fournit des foyers d'une grande puissance, qui peuvent être utilisés dans bien des cas, soit seuls, soit concurremment avec les lampes à incandescence, surtout pour l'éclairage des grandes salles. L'électricité supprime aussi les dégâts occasionnés par la fumée du gaz qui, se déposant sur les peintures, les décors, les tentures, les ternit et les détériore rapidement. Ces dégâts peuvent devenir incalculables lorsqu'il s'agit d'œuvres d'art pouvant être compromises ou perdues à tout jamais; c'est là, comme nous l'avons dit plus haut, la raison qui détermina l'installation de la lumière électrique à l'Opéra de Paris.

L'éclairage électrique présente encore d'autres avantages plus importants : je veux parler de l'absence presque complète de chaleur dégagée et de la non-altération de l'air ambiant. C'est en effet de tous les procédés, celui qui, à lumière égale, dégage le moins de chaleur; il l'emporte notamment de beaucoup, à ce point de vue, sur le gaz. Il permet donc d'éviter cette élévation considérable de la température qui se produisait autrefois dans les salles éclairées au gaz et qui, pendant l'hiver, exposait, à la sortie, les spectateurs aux inconvénients résultant du brusque passage d'une salle surchauffée à une atmosphère glaciale, tandis qu'en été elle écartait la foule des théâtres, par crainte de la chaleur excessive qui régnait à l'intérieur.

Ce double inconvénient n'est plus à craindre avec la lumière électrique. Ainsi à l'Opéra, en 1886, la température s'étant élevée vers le milieu de la journée à 26° en ville, on a observé vers le milieu de la soirée 20° à l'orchestre, 18° aux premières loges, 20° aux secondes, 21° aux troisièmes et quatrièmes, et 16° seulement aux cinquièmes loges, qui sont en commucation directe avec les ventilateurs du plafond. Il est inutile d'ajouter qu'avec le gaz la température aurait été beaucoup plus élevée.

D'autres expériences, faites au théâtre du Palais-Royal dans l'été de 1887, ont montré que la température varie très peu dans le cours d'une même soirée : le thermomètre n'indiquait aux fauteuils d'orchestre que 2° et aux galeries supérieures que 3°,5 au-dessus de la température de la galerie extérieure. Si l'on tient compte, en outre, de ce que les salles de spectacle, ordinairement dépourvues de fenêtres, n'ont pas leurs parois intérieures exposées pendant tout le jour, comme les trottoirs de nos rues et les façades de nos maisons, aux rayons brûlants du soleil d'été, on arrive presque à partager l'opinion paradoxale d'un de nos plus célèbres critiques dramatiques, qui affirme que, les soirs d'été, il fait plus frais dans les théâtres que sur l'asphalte des boulevards.

La lumière électrique a aussi l'avantage de vicier fort peu l'atmosphère. N'étant pas une combustion, elle n'a aucun besoin de l'oxygène de l'air et peut se produire aussi bien dans un gaz inerte ou même dans le vide. Les lampes à incandescence, qui sont enfermées dans une ampoule scellée, ne consomment donc aucune portion d'oxygène et peuvent être multipliées sans crainte de vicier l'atmosphère. Seuls les foyers à arc, dont les charbons sont ordinairement placés dans l'air, y produisent une petite quantité de gaz délétères; mais, comme ils n'entrent ordinairement que pour une faible part dans l'éclairage des théâtres, cet inconvénient est minime et ne saurait être comparé à celui qui résultait de l'emploi du gaz.

L'Opéra comprenait autrefois, avant l'installation de l'électricité, 7455 becs de gaz, dont une grande partie, plus de 4000, était affectée au service de la salle et de la scène et y déversait pendant toute la soirée des quantités énormes de gaz délétères, au premier rang desquels se placent l'oxyde de carbone et l'acide carbonique. Il y avait donc là un double danger qui n'était pas toujours suffisamment combattu par une bonne ventilation : disparition d'une certaine quantité d'oxygène, nécessaire à la respiration, et production d'une quantité correspondante de gaz nuisibles. La lumière électrique a fait disparaître ces deux inconvénients, ce qui a pour conséquence de placer les salles de théâtre dans des conditions beaucoup plus hygiéniques.

Ces heureux effets sont surtout sensibles pour les spectateurs des galeries élevées et pour les machinistes qui travaillent dans les cintres. Ces personnes n'ont plus à respirer l'air vicié par la combustion, qui se porte surtout vers le haut de l'édifice, ni à supporter la chaleur suffocante des lustres et des herses, qui justifie trop bien le nom de *gril* donné aux parties supérieures de la scène.

L'éclairage électrique au point de vue des dangers d'incendie. — L'absence de chaleur dégagée a une importance capitale, non seulement au point de vue de l'hygiène, mais encore au point de vue de la sécurité. Avec le gaz, les cordages, les boiseries, les toiles de fond, placés dans les dessus, s'y trouvent constamment, pendant les représentations, maintenus à une température de 30 à 35 degrés, produite par les nombreux becs des herses et des portants. Ces objets sont donc toujours parfaitement secs et par suite dans les meilleures conditions pour s'enflammer. Il suffit alors d'un bec mal réglé ou d'un excès de pression dans les conduites pour faire filer un brûleur, dont la flamme viendra lécher un décor que le courant d'air chaud ascendant balance au-dessus d'elle, et, malgré le mince grillage qui entoure le bec, ce décor desséché peut s'enflammer immédiatement. Il suffit d'une cause aussi futile pour provoquer un désastre aussi terrible que celui de l'Opéra-Comique.

Ces dangers sont complètement écartés avec les lampes à incandescence, qui sont placées dans une enveloppe parfaitement close et qu'on peut, du reste, par excès de précaution, recouvrir d'un grillage dans le cas des herses ou des portants. Il n'y a même pas à craindre d'accident en cas de rupture de l'ampoule, car le filament brûle aussitôt et le courant se trouve interrompu. D'ailleurs, ce système d'éclairage est le seul qui ait présenté des garanties suffisantes pour être adopté dans les établissements civils ou militaires qui emploient des explosifs; il peut donc, à plus forte raison, être utilisé dans les théâtres.

Il faut cependant se garder de croire que l'installation de la lumière électrique suffise pour mettre un théâtre absolument à l'abri des risques d'incendie; il faut, en outre, que cette installation soit faite avec le plus grand soin, sinon le courant lui-même peut être une source de périls. Des expériences spéciales ont été instituées pour montrer les dangers possibles d'incendie par les lampes à incandescence, et, vu l'importance du sujet, nous croyons devoir en indiquer les résultats avec quelque détail.

Le 8 mars 1888, au Laboratoire central d'électricité, M. Mascart a essayé, devant la Commission supérieure des théâtres, des lampes de 100 volts appartenant aux types Édison, Swan, Woodhouse. La différence de potentiel fournie par la machine était de 105 volts, de sorte que les lampes étaient un peu poussées. On a employé aussi deux lampes Sunbeam, de 300 bougies et de 50 volts, montées en tension sur la même force électromotrice de 105 volts.

1. Une lampe Woodhouse, de 16 bougies, est posée sur quatre couches d'ouate, deux blanches et deux noires, les noires étant immédiatement sur la lampe. Au bout de peu de minutes, l'ouate fume. Après 9 minutes, elle commence à se carboniser sans incandescence. Après 25 minutes, la masse d'ouate est carbonisée et imprégnée de produits de distillation dans un rayon de 10 centimètres autour de la

lampe. Au bout de 35 minutes, l'ouate est en ignition et le bois qui la supporte est très chaud.

2. Une lampe Edison de 100 bougies est placée sur une couche d'ouate noire. Après 7,5 m., l'ouate est carbonisée et la table noircie par dessous.

3. Une lampe Edison de 16 bougies est coiffée d'ouate noire ficelée autour d'elle. Pendant la deuxième minute, l'ouate fume. Au bout de 2,5 m., la lampe éclate et l'ouate s'enflamme.

4. Une lampe Edison, de 100 bougies, placée verticalement en l'air, est coiffée de tarlatane bleue. Pas d'effet appréciable après 8 minutes.

5. La même lampe, coiffée de tarlatane, est couchée sur une table. Au bout de 4 minutes, l'étoffe est carbonisée, mais seulement au point où la lampe touche la table. Le bois est aussi carbonisé en ce point.

6. Une lampe Edison de 16 bougies est coiffée d'un morceau de velours de coton. Au bout d'une demi-heure, l'étoffe est un peu roussie.

7. Une lampe Sunbeam de 300 bougies est recouverte d'une toile à décor peinte. Après 1 minute, la toile commence à fumer et, après 5 minutes, la lampe éclate et la toile s'enflamme.

8. Une lampe Woodhouse de 50 bougies est placée entre deux toiles de décor verticales et se touchant par le haut. Après 25 minutes, aucun effet.

9. Une lampe Edison de 100 bougies est placée dans un pli vertical de décor. Le décor se carbonise au bout de 5 minutes en répandant des fumées, puis entre en incandescence après 2 autres minutes.

10. Une lampe Swan de 50 bougies est couchée dans un pli de décor posé sur une table. Au bout de 23 minutes, la toile est légèrement roussie et le bois en dessous noirci.

Vers la même époque (1er février 1888), M. A. Vernes lit également, devant la Société internationale des Électriciens, des expériences destinées à montrer les principales causes de dangers pouvant provenir de l'éclairage électrique. Pour montrer d'abord l'effet d'une canalisation trop chargée, il se servait d'un fil de cuivre de 2,2 mm. de section, capable de desservir huit lampes sans échauffement appréciable. Si l'on triple le nombre des lampes, le fil commence immédiatement à s'échauffer, et l'isolant se ramollit en produisant une fumée épaisse. Si l'on protège le fil par un coupe-circuit fusible, le plomb fond au moment où l'on ajoute les seize lampes supplémentaires, et le courant se trouve interrompu.

L'humidité des murs peut occasionner des court-circuits, qu'on peut encore éviter par l'emploi des plombs fusibles. Deux conducteurs de cuivre nu sont placés dans des rainures pratiquées sur une moulure en bois et distantes de 2 centimètres. Le courant passe sans inconvénient tant que le bois reste sec; mais, si on le mouille, on voit peu à peu le bois fumer, se calciner et prendre feu. Si l'on ajoute un coupe-circuit, le plomb fond aussitôt qu'on inonde la moulure. Il faut donc, dans les locaux où l'on craint l'humidité, n'employer que des fils bien isolés et recouverts de plusieurs couches de caoutchouc.

Il faut se défier aussi des ligatures, qui peuvent, avec le temps, se relâcher et donner naissance à une étincelle capable de mettre le feu à une tenture. Au lieu de faire les ligatures en enroulant les fils l'un sur l'autre, il est préférable de souder ces fils ou de les prendre sous les vis des coupe-circuit.

Enfin, des expériences du même genre avaient été

faites à Philadelphie, à la suite de l'incendie du musée et du théâtre du Temple, qui eut lieu le 27 décembre 1886, et qui fut attribué au circuit des lampes à incandescence. Pour répondre à différentes questions du juge, M. W. Mac-Dewitt, inspecteur de la Compagnie d'assurances, démontra que :

1° Des lampes à incandescence peuvent allumer des substances inflammables, lorsqu'on concentre la chaleur de ces lampes et qu'on l'accumule sur le même point, sans qu'il soit nécessaire pour cela de casser la lampe ;

2° Une lampe à incandescence qui éclate peut allumer des gaz inflammables ;

3° Le bris d'une lampe à incandescence n'allume pas, en général, des matières solides, même si elles sont facilement inflammables ;

4° L'eau, ou le bois humide, peut mettre en court-circuit des dérivations de lampes à incandescence, et par cela mettre le feu ;

5° Des ligatures lâches, non soudées, sont dangereuses et capables de mettre le feu ;

6° L'usure de l'enveloppe isolante des fils doubles de lampes portatives peut mettre le feu si l'on n'emploie pas de plombs de sûreté ;

7° Une répartition soignée de plombs de sûreté dans toutes les parties d'un circuit, l'isolation complète de toutes ces parties, l'emploi exclusif des ligatures soudées, le choix, pour la position des lampes, de points où la chaleur ne peut pas s'accumuler, telles sont les premières conditions d'un éclairage par incandescence ne présentant pas de risques.

Outre les dangers que nous venons de signaler, on ajoute quelquefois que l'éclairage électrique, qui supprime les causes d'incendie sur la scène ou dans la salle, en crée de nouvelles en plaçant dans les sous-sols des machines et des chaudières. Il est facile de voir que ces critiques sont peu fondées. Les parois de ces locaux sont généralement en pierre, et par conséquent assez difficiles à enflammer. Ainsi il existe souvent, dans les sous-sols, et depuis fort longtemps, des calorifères destinés au chauffage de la salle et qui n'ont jamais causé de catastrophe, bien qu'on les surveille beaucoup moins que les installations d'éclairage. En outre, avec les générateurs inexplosibles ordinairement employés aujourd'hui, les explosions ne sont plus à craindre : le seul accident qu'on ait à redouter est la rupture d'un tube, et il ne peut amener que des dégâts insignifiants. Ajoutons enfin qu'il n'est pas indispensable de loger ces machines dans les sous-sols; on peut parfois les placer dans un local voisin du théâtre. D'ailleurs, à mesure que les stations centrales se multiplient, les théâtres peuvent leur emprunter l'énergie nécessaire, au lieu de la fabriquer eux-mêmes, ce qui évite tout péril.

Nous avons cru devoir insister un peu longuement sur cette question, qui nous paraît d'une grande importance. La substitution de l'électricité au gaz d'éclairage dans les théâtres a constitué un immense progrès, mais il ne faut pas que cette amélioration reste incomplète. Il importe donc qu'on sache bien que l'électricité peut présenter quelques dangers, et qu'on n'ignore pas en quoi ils consistent. C'est là le meilleur moyen de les éviter. On voit qu'il suffit pour cela de prendre quelques précautions élémentaires, et, lorsqu'un théâtre est entièrement éclairé par des lampes à incandescence, installées avec toutes les dispositions indiquées plus haut et par les soins d'ouvriers expérimentés, on peut admettre, comme le font, du reste, nos grandes Compagnies d'assurances, que les chances d'incendie provenant de l'éclairage sont absolument écartées.

Nous croyons intéressant d'indiquer ici, pour terminer ce qui est relatif à cette question, le texte de l'ordonnance du Préfet de police du 21 février 1887, modifiée le 17 avril 1888, qui réglemente l'installation de l'électricité dans les théâtres de Paris.

Ordonnance concernant l'emploi de la lumière électrique dans les théâtres, cafés-concerts et autres spectacles publics.

Paris, le 17 avril 1888.

Nous, Préfet de police,

Vu la loi des 16-24 août 1790 (titre XI, article 3, § 5) et celle des 19-22 juillet 1791 (article 46, § 1);
Les arrêtés du gouvernement du 1er germinal an VII, 12 messidor an VIII, et 3 brumaire an IX;
Le décret du 6 janvier 1864 (article 2);
Les décrets des 30 avril 1880 et 20 juin 1886;

Les ordonnances de police des 16 mai 1881, 21 février et 12 novembre 1887 ;

L'arrêté du 10 mars 1888, instituant une commission technique chargée de la vérification de l'installation de l'éclairage électrique dans les théâtres ;

Vu l'avis du Conseil d'hygiène, celui de la commission technique et la délibération de la commission supérieure des théâtres en date du 29 mars 1888 ;

Considérant que l'emploi de la lumière électrique tend à se généraliser et qu'il y a lieu, pour prévenir les dangers d'incendie et assurer la sécurité du public, de soumettre ce mode d'éclairage à une réglementation spéciale lorsqu'il sera mis en usage dans les théâtres, cafés-concerts et autres spectacles publics ;

Ordonnons ce qui suit :

Chapitre I. — *Formalités préliminaires.*

Art. Ier. — Toute personne voulant installer la lumière électrique dans un théâtre, café-concert ou autres lieux publics soumis à notre autorisation, est tenue d'en faire la déclaration à la Préfecture de Police.

Il sera joint à l'appui de la demande :

1° Un plan détaillé, en triple exemplaire, indiquant l'emplacement des générateurs, des machines à vapeur, à gaz ou à air, des machines dynamo-électriques, des piles, des accumulateurs, et le tracé des conducteurs ;

2° Une note explicative sur les machines motrices, leur force en chevaux-vapeur, sur les machines dynamo-électriques et sur les lampes à arc ou à incandescence, leur nombre et leur pouvoir éclairant ;

3° Un échantillon de chacun des conducteurs, avec une note détaillée sur la distribution des circuits, la nature et le diamètre des conducteurs et le courant qui doit les traverser.

Art. 2. — Les travaux ne pourront être commencés qu'après que l'administration aura fait notifier au déclarant s'il y a ou non des modifications à introduire dans l'exécution des plans et projets déposés.

Art. 3. — La mise en usage de l'éclairage électrique ne pourra avoir lieu qu'après avis favorable de la Commission supérieure des théâtres et après qu'un éclairage d'essai aura été fait devant la Commission technique.

Art. 4. — Après réception des appareils, aucune modification ne pourra être apportée à l'installation sans l'accomplissement des mêmes formalités.

Chapitre II. — *Chaudières, machines et conduits de fumée.*

Art. 5. — Les machines à vapeur, les machines à gaz ou les machines à air actionnant les machines dynamo-électriques, et les foyers des machines à vapeur, ne pourront être placés dans les parties du local accessibles au public ou aux artistes.

Ces machines seront installées de manière à offrir toute sécurité contre les accidents.

Art. 6. — Les foyers des chaudières à vapeur et le combustible destiné à leur alimentation devront être placés dans des locaux distincts construits en matériaux complètement incombustibles, avec portes en fer et séparés des autres dépendances de l'établissement par des murs en maçonnerie, ainsi que par des voûtes ou des planchers en fer, hourdés de briques, d'épaisseur suffisante.

Ces locaux seront bien aménagés, ils seront convenablement ventilés, soit naturellement par des prises d'air débouchant hors des voies publiques, ou par des courettes suffisamment isolées des dépendances de l'établissement, soit par des moyens mécaniques.

Art. 7. — On se conformera, pour l'installation des chaudières à vapeur, aux règlements d'administration publique en vigueur.

Art. 8. — Les conduits de fumée seront en briques d'une épaisseur et d'une section suffisantes pour l'importance des foyers qu'ils desservent. Ils seront toujours montés à 5 mètres en contre-haut des souches des cheminées voisines.

Ces conduits de fumée devront être placés à l'extérieur des bâtiments, dans les cours ou courettes, à moins de dispositions particulières spécialement autorisées, après avis de la Commission supérieure des théâtres.

En aucun cas, ces cheminées ne devront produire de fumées épaisses ou incommodes; on emploiera soit des appareils fumivores efficaces, soit des combustibles maigres.

CHAPITRE III. — *Piles, accumulateurs et machines dynamo-électriques.*

ART. 9. — Les piles électriques, les accumulateurs, seront installés dans un local spécial bien ventilé et, dans le cas d'émission de vapeurs nuisibles, placés sous des hottes avec cheminées d'appel entraînant les gaz et les vapeurs au-dessus des toits. Les acides et autres produits chimiques destinés à leur entretien seront enfermés dans un local spécial et ne devront jamais rester à la disposition du personnel étranger à ce service.

ART. 10. — Les machines dynamo-électriques seront placées dans un endroit sec, ne contenant aucune matière facilement inflammable et à l'abri des poussières. Elles seront convenablement isolées et toujours tenues en état de propreté.

L'installation devra offrir toute garantie de sécurité; des dispositions spéciales seront prises dans le cas de l'emploi des courants alternatifs.

Le service sera fait par des surveillants et des ouvriers expérimentés. Les précautions de prudence seront inscrites sur un tableau placardé d'une manière très apparente dans la salle des machines.

CHAPITRE IV. — *Câbles et fils conducteurs.*

ART. 11. — Tous les conducteurs, dans la chambre des machines, seront solidement supportés, bien en vue, marqués et numérotés.

ART. 12. — Les commutateurs employés pour diriger les courants seront construits avec soin et montés sur des supports en matière isolante et incombustible.

ART. 13. — Un voltmètre et un ampèremètre par machine seront installés à poste fixe pour contrôler les courants.

Art. 14. — On disposera un coupe-circuit sur chaque câble à son départ du tableau distributeur. Chaque embranchement principal ou secondaire sera également protégé par un coupe-circuit.

Ces coupe-circuit seront étalonnés et ne devront laisser passer au maximum qu'un courant triple de la valeur normale.

Art. 15. — Dans chacune des parties du circuit, le diamètre des conducteurs devra être en rapport avec l'intensité du courant, de telle sorte qu'il ne puisse se produire, en aucun point, un échauffement dangereux pour l'isolement des conducteurs ou des objets voisins.

Art. 16. — Pour les courants continus, la différence de potentiel ne devra pas dépasser 300 volts aux bornes des machines ou à l'entrée du théâtre, si la source d'électricité est extérieure.

Avec les courants alternatifs, on mettra au plus quatre arcs en série ou un nombre de lampes à incandescence correspondant à la même tension électrique.

En dehors de ces limites, une autorisation particulière devra être accordée par délibération spéciale de la Commission supérieure des théâtres.

Art. 17. — L'emploi des conduites d'eau et de gaz et des parties métalliques de la construction comme conducteurs est rigoureusement interdit.

Art. 18. — Les fils et les câbles seront recouverts d'une matière offrant toute garantie au point de vue de l'isolement; en tout temps, la perte des circuits par défaut d'isolement devra être inférieure au millième du courant qui les parcourt.

Art. 19. — Sauf au voisinage des lampes, tous les fils et câbles seront solidement fixés et constamment maintenus séparés les uns des autres à 10 millimètres au moins pour les lumières à incandescence, et à 20 millimètres pour les lumières à arc. L'espace entre les fils et les pièces métalliques de la construction sera de 60 millimètres, à moins que le câble ne soit placé sous plomb.

Art. 20. — Quand les conducteurs traversent des planchers, paliers, murs ou cloisons, où quand ils se croisent, ils doivent être protégés par une seconde enveloppe en matière dure et incombustible. Dans les locaux exposés à l'humidité ou dans la traversée des murs, on devra prendre des dispositions spéciales pour protéger les conducteurs.

ART. 21. — Tous les fils qui seraient à la portée de la main du public ou du personnel étranger au service seront placés sous des moulures facilement reconnaissables.

Chapitre V. — *Lampes.*

ART. 22. — Les lumières nues sont prohibées.

ART. 23. — Les lumières à arc seront protégées par des globes de verre ou des lanternes : elles seront munies d'une grille pour arrêter les étincelles et les bris de verre.

ART. 24. — Les lampes à incandescence dont l'intensité dépassera 5 carcels devront également être protégées par un grillage.

ART. 25. — Les câbles de suspension des lampes seront incombustibles et indépendants des fils conducteurs, lesdits fils ne pouvant, en aucun cas, servir de suspension aux lampes.

Chapitre VI. — *Eclairage de secours.*

ART. 26. — Si l'éclairage de secours est fourni par la lumière électrique, il devra être assuré par *au moins* deux batteries indépendantes d'accumulateurs ou d'éléments de piles. Dans ce cas, les batteries et les câbles ou fils amenant le courant aux lampes de secours seront toujours placés à l'extérieur de la cage de la scène ; de plus, ces batteries devront toujours être chargées en dehors de la durée des représentations. Pendant la durée des représentations, les batteries seront complètement isolées des machines.

Les commutateurs servant à réunir les batteries d'accumulateurs aux machines devront être placés dans des endroits apparents et d'un accès facile, et seront pourvus d'un tableau indiquant clairement la disposition adoptée pour isoler les batteries des machines pendant la durée des représentations.

Les batteries d'accumulateurs ou de piles alimenteront chacune une des colonnes montantes placées aux côtés cour et jardin; les dérivations faites sur ces colonnes montantes se croiseront complètement à chaque étage, de manière qu'à chaque étage les lampes de secours voisines l'une de l'autre soient alimentées alternativement, l'une par la batterie du côté cour, l'autre par celle du côté jardin.

A chaque direction de sortie, il sera installé une lampe de secours munie d'un signe spécial qui, pour les installations à venir, consistera en un feu double ou deux lampes conjuguées.

De plus, toutes les lampes de secours devront, en général, porter un autre signe particulier permettant au service qui en sera chargé d'exercer facilement une surveillance efficace sur l'éclairage de secours de tous les théâtres.

Les lampes de secours devront toujours avoir chacune une intensité au moins égale à celle d'un carcel.

CHAPITRE VII. — *Dispositions générales.*

ART. 27. — A partir du jour où l'installation de l'éclairage électrique d'une salle de spectacle aura été reçue par la Commission supérieure, toute communication avec la canalisation extérieure du gaz sera supprimée.

ART. 28. — Les théâtres, cafés-concerts et autres lieux publics déjà éclairés à la lumière électrique, dont l'installation ne serait pas conforme aux prescriptions de la présente ordonnance, devront y satisfaire dans un délai de six mois.

ART. 29. — Sont rapportés : l'article 39 de l'ordonnance du 16 mai 1881 et toutes les dispositions de l'ordonnance du 21 février 1887 et autres ordonnances qui seraient contraires à la présente.

ART. 30. — La présente ordonnance sera imprimée, publiée et affichée à Paris et dans les communes du ressort de la Préfecture de police.

Sont chargés d'en assurer l'exécution, chacun en ce qui le concerne, le chef de la police municipale, le chef du laboratoire municipal, les commissaires de police et autres préposés de la Préfecture de police.

Le colonel des sapeurs-pompiers est requis de concourir à son exécution.

Le Préfet de police,
H. Lozé.

Par le Préfet de police :

Le Secrétaire général,
L. Lépine.

Inconvénients de l'éclairage électrique. — On a souvent reproché à l'arc voltaïque sa couleur blafarde. En réalité, ce reproche n'est pas justifié, et c'est là un simple effet de contraste. Sa lumière se rapproche beaucoup plus que les autres de la lumière solaire et altère beaucoup moins les couleurs des objets. En employant simultanément dans les salles l'arc et l'incandescence, dont la teinte plus jaune est plus agréable à l'œil, on obtient un éclairage d'un très bel effet. Pour la scène, la lumière électrique se prête mieux que toute autre aux combinaisons les plus variées et permet de réaliser facilement tous les effets lumineux que l'on désire.

Les seuls inconvénients sérieux qu'on peut reprocher à l'éclairage électrique sont la difficulté de le produire et, dans certains cas, son prix de revient fort élevé. Le premier, qui se présente pour les petites installations, comme celles des maisons particulières, insuffisantes pour justifier l'établissement d'une usine spéciale, n'existe plus pour les théâtres. Dans ceux-ci, le nombre des lampes est toujours assez considérable pour qu'il y ait lieu d'installer les appareils nécessaires à la production de cette lumière, si l'on n'est pas arrêté par la dépense. Cet inconvénient disparaît du reste de plus en plus, à mesure que se multiplient dans toutes les villes les stations centrales.

Prix de revient de l'éclairage électrique. — Quant au prix de revient de la lumière électrique, on sait qu'il est assez variable suivant les circonstances. Dans le cas des théâtres, le seul que nous considérions ici, précisément parce que l'installation est toujours assez importante, ce prix n'est pas généralement supérieur à celui du gaz; dans les cas les plus défavorables, la différence est trop faible pour compenser les avantages énumérés plus haut, et en première ligne la sécurité des spectateurs. Il est du reste bien difficile d'obtenir à ce sujet des renseignements certains. Il y a peu de théâtres où l'on note exactement la dépense pour chaque soirée, qui varie d'ailleurs avec la pièce représentée; lorsqu'on connaît cette dépense, il faut pouvoir la comparer avec celle que nécessitait l'éclairage au gaz dans le même théâtre, ce qui exige qu'on ait fait ce calcul avant l'installation de l'électricité et qu'on l'ait conservé; enfin, lors même qu'on possède ces deux documents, cela ne suffit pas encore; pour qu'on soit en droit de les comparer, il faut être certain que l'intensité lumineuse était la même dans les deux cas; or, en installant l'électricité, on cherche généralement à augmenter cette intensité. Nous allons citer quelques exemples, empruntés autant que possible à des théâtres d'importance diverse.

Voici d'abord un petit calcul qui peut s'appliquer à un grand nombre de villes : pour celles où les prix sont différents, le lecteur fera facilement la modification. On admet généralement qu'un bec de gaz, d'une intensité de 10 bougies, brûle par heure 0,125 m.c.; si on compte le gaz à 0,17 fr., on trouve par heure et pour 10 bougies 0,021 fr. Une lampe électrique de même intensité absorbe 35 watts; en comptant 0,08 fr. le kilowatt, on a pour une heure 0,028 fr.; si l'on compte 0,06 fr., prix que paient beaucoup d'administrations municipales, on trouve 0,021 fr., prix identique à celui du gaz.

A l'Hippodrome, l'intensité totale était de 12 000 carcels, produite par 18 régulateurs Gramme, 133 bougies Jablochkoff et 1085 lampes à incandescence de 8 bougies. Les dynamos étaient commandées par deux machines à vapeur d'une puissance totale de 200 chevaux. L'installation complète avait coûté environ 250 000 fr. Les dépenses d'exploitation, pour une soirée de trois heures et demie, se répartissaient de la manière suivante :

Bougies Jablochkoff.	38,20 fr.
Charbons électriques	5,25
Lampes à incandescence. . . .	8,75
Houille.	43,70
Eau.	10,70
Graissage.	19,40
Entretien.	13,50
Personnel.	87,85
	227,35

L'amortissement et l'intérêt, comptés à 15 0/0, donnent 187,50 fr. par soirée, en admettant 200 représentations par an. La dépense totale était donc de 414,85 fr. par soirée, soit environ 120 francs par heure, ce qui correspond à 0,04 fr. le carcel-heure.

Au théâtre de Genève, décrit plus loin, il y avait 2432 becs de gaz. En admettant quatre heures et demie pour la durée des représentations et en comptant une dépense moyenne de 150 litres par bec et par heure, on trouve une consommation de 1641 mètres cubes par soirée. En réalité, il est bien rare que tous les becs brûlent ensemble à plein feu, et la consommation journalière est loin d'atteindre ces chiffres; en huit années, la moyenne quotidienne n'a été que de 508 mètres cubes; dans la saison théâtrale 1886-87, elle s'est élevée à 522 mètres cubes. Les pièces qui ont donné la plus forte dépense sont *les Mousquetaires* (974 m. c.), *l'Africaine* (852 m. c.), et *la Traviata* (797 m. c.) La consommation annuelle a été, en 1886-87, de 112 224 mètres cubes pour 211 représentations; en tenant compte de la remise de 5 0/0 accordée par la Compagnie du gaz sur le prix de 0,30 fr. le mètre cube, on trouve une dépense de 31 983 francs. Pour faire concurrence à l'éclairage électrique, la Compagnie offrait de faire, à partir du 1er juillet 1887, une remise de 25 0/0, ce qui eût réduit la dépense de l'année 1886-87 à 25 250 francs.

La dépense annuelle, avec l'éclairage électrique, s'élève à 28 000 francs; si l'on remarque, en outre, que ce mode d'éclairage permet de réduire le personnel de deux employés, grâce à la suppression de l'allumage, on voit qu'il n'a pas constitué une charge pour le budget municipal.

L'installation électrique a coûté environ 150 000 fr., se décomposant comme suit :

Canalisation électrique :

12.000 mètres à 1,20 fr. le kilomètre.	14 400 fr.	
Pose : 600 mètres à 6,50 fr. . .	3 900	20 000
Raccordements et imprévus. . .	1 700	
Installation de 2400 lampes à 50 francs. . .		120 000
Éclairage de sûreté et imprévu.		10 000
		150 000

Les frais annuels se composent de :

1º L'intérêt et l'amortissement à 5 1/4 0/0 du capital précédent, soit 7875 francs.

2º Un amortissement spécial payé au service des eaux pour l'entretien des turbines et dynamos affectées à l'éclairage électrique, soit 3000 francs.

3º Les frais de renouvellement des lampes évalués à 6250 francs, soit 2,50 fr., par lampe et par an.

Le prix d'achat moyen des lampes est de 5 francs, et leur durée moyenne de 800 heures.

4º La force motrice nécessaire à l'éclairage, soit 100 000 chevaux-heure par an, à 10 centimes, 10 000 fr.

Une somme de 875 francs, comme imprévu, parfait le devis de 28 000 francs.

En résumé, l'éclairage électrique, dont nous connaissons les avantages, a pu être substitué au gaz dans ce théâtre sans augmenter sensiblement les frais.

Au théâtre municipal de Magdebourg, l'installation comprend 1035 lampes, dont 160 de 32 bougies, 356 de 25 bougies, 444 de 16 et 75 de 10, plus deux appareils pour chauffer les fers à friser, qui dépensent chacun 2 ampères. Il y a par an une moyenne de 240 représentations du soir et 7 matinées, plus l'éclairage réduit utilisé pendant le jour. Les lampes du lustre sont renouvelées au début de chaque saison et utilisées ensuite derrière la scène. La force motrice nécessaire est de 80 chevaux, fonctionnant 2217 heures par an pour les représentations; l'éclairage réduit absorbe 10 chevaux pendant 1710 h. 3,4. La dépense de gaz s'élève à 56 638 mètres cubes pour les premiers moteurs, et à 98 884 mètres cubes pour ceux du service de jour. L'installation complète, y compris le bâtiment des machines, a coûté 119 377,71 fr., soit 115,34 fr. par lampe; la dépense, par jour de représentation, est de 95,36 fr., déduction faite de l'indemnité de 42,82 fr., payée par le directeur du théâtre.

Le théâtre du Prince, à Londres, nous fournit un bon exemple d'installation alimentée au moyen d'accumulateurs. Cette usine comprend un moteur à gaz de 12 chevaux, alimentant une dynamo Siemens, 53 accumulateurs Faure et 360 lampes à incandescence Swan, de 16 bougies. Elle a coûté environ 45 000 francs. Les dépenses d'exploitation comprennent pour un an :

31 500 m. c. de gaz pour le moteur, à 0,15 fr.   4 725 fr.
Renouvellement de 125 lampes à 5 francs. . .   625
Renouvellement de 30 accumulateurs à 150 fr.   4 500
Personnel. 5 600
Graissage, dépenses diverses, etc.   726
                                                  ————
                                                 16 176 fr.

Les intérêts et l'amortissement, évalués à 10 0/0, donnent 4500 francs, ce qui fait un total de 20 676 fr.

Toutes les lampes ne fonctionnent pas ensemble, mais il est facile de calculer l'intensité lumineuse d'après la quantité de gaz dépensée. Le moteur consomme 1 mètre cube par cheval-heure; il a donc fourni 31 500 chevaux-heure. Le rendement industriel moyen de la dynamo est 0,70, celui des accumulateurs aussi. Les lampes absorbent par seconde 7,5 kilogrammètres de puissance électrique. La puissance fournie est donc capable d'entretenir 157 500 lampes pendant une heure, ce qui porte la lampe-heure à 0,13 fr. et le carcel-heure à 0,065 fr. Ce prix est très supérieur à celui du gaz, mais le directeur du théâtre n'a pas cru payer trop cher la sécurité des spectateurs au prix de ce supplément de dépense.

D'après une étude de M. Secondo, publiée dans l'*Electrician*, la dépense d'énergie au Théâtre-Lyrique de Londres s'élève, pour un an, à 93 millions de watts qui coûteraient, par abonnement, à raison de 70 centimes les 100 watts, environ 84 000 francs. En réalité, cette énergie est produite sur place par des dynamos marchant au gaz, qui ne coûte, d'ailleurs, que 10 centimes le mètre cube; en tenant compte de l'amortissement de la machinerie, la dépense est à peu près la même.

Pour obtenir le même éclairage avec le gaz, il aurait fallu 2458 lampes à 150 litres, en admettant qu'une de ces lampes équivaut à un foyer électrique de 16 bougies. En comptant encore le gaz à 10 centimes, et tenant compte des frais accessoires, on trouve une dépense un peu plus forte qu'avec l'électricité.

A l'Opéra de Chicago, on a remplacé, en 1891, les lampes Drummond servant à produire les effets scéniques par des lampes à arc à 110 volts, qui sont beaucoup plus faciles à manier et plus régulières. D'après le *Western Electrician*, la lumière électrique ne coûte pas 1 franc par représentation, tandis que la lumière oxhydrique revenait à 8,75 fr. En effet, pour le prix de 1 franc, on aurait le courant vendu au compteur pour une heure, durée bien supérieure à celle des expériences.

III

PRODUCTION DE L'ÉLECTRICITÉ DANS LES THÉATRES

Production de l'électricité par les stations centrales. — Sans vouloir entrer dans tous les détails que comporte la question et qu'on trouvera dans les traités généraux, nous croyons utile, avant de décrire les installations électriques de divers théâtres, de rappeler en quelques mots les divers modes de production de l'électricité. Le moyen le plus pratique, c'est incontestablement d'emprunter l'énergie électrique à une station centrale, qui fournit le courant à domicile, comme on nous amène depuis longtemps l'eau et le gaz, et à un prix modéré; on n'a alors qu'à tourner ou pousser un commutateur pour se procurer la lumière ou actionner un moteur. C'est le cas du théâtre de Genève, de la Scala de Milan, etc. Comme les stations centrales deviennent chaque jour plus nombreuses, ce mode de production devient de plus en plus à la portée des théâtres, qui n'ont plus ainsi à se préoccuper de fabriquer eux-mêmes l'énergie électrique dont ils ont besoin. C'est là un heureux résultat, car la plupart des théâtres actuels ont été construits à une époque où l'on ne soupçonnait pas qu'ils recevraient un jour l'éclairage électrique, et l'on n'a pas songé à y ménager la place nécessaire pour installer les machines destinées à cet usage. Aussi est-on généralement fort embarrassé, quand on doit produire l'électricité dans le théâtre même, pour y trouver un local, même très exigu, qui puisse recevoir l'installation indispensable. Ainsi, à l'Opéra, on a dû placer les dynamos et les machines à vapeur dans le sous-sol, à une grande distance des chaudières qui fournissent la vapeur; il a fallu creuser un puits spécial pour assurer la condensation et dissimuler l'inévitable cheminée dans une courette, pour ne pas gâter l'aspect extérieur du monument. Au Théâtre-Français, les caves étant trop petites, il a fallu creuser le sol d'une des cours du Palais-Royal pour y loger l'usine. Au Gymnase, les machines sont également installées dans une cave très exiguë, qu'on a creusée dans une petite cour voisine de l'immeuble, et dont la surface est encore diminuée par un puisard et des murs mitoyens.

Production de l'électricité par les piles. — Lorsqu'on n'a pas dans son voisinage une station centrale qui puisse fournir l'énergie électrique nécessaire, il reste trois manières de la produire : les piles, les dynamos et les accumulateurs; les dynamos seules peuvent suffire à alimenter un théâtre. Le temps n'est plus où l'Opéra possédait, comme unique source d'électricité, une nombreuse batterie d'éléments Bunsen, servant à actionner quelques régulateurs pour les effets de scène, et où les autres théâtres se contentaient, pour la plupart, de la lumière oxhydrique. Les piles ne servent plus dans les théâtres que pour certains appareils secondaires, qui n'exigent qu'une faible dépense d'énergie : orgues, batteurs de mesure, avertisseurs, contrôleurs de rondes, etc. Dans ce cas, il est plus simple d'associer quelques éléments de pile, qui peuvent rester montés fort longtemps, plutôt que de réduire le courant des machines à la faible différence de potentiel qui convient à ces instruments. Nous dirons donc quelques mots des piles qui servent à ces usages.

Les piles employées aujourd'hui contiennent un liquide excitateur, dans lequel plongent deux lames solides ou électrodes, de nature différente, dont l'une (*pôle négatif*) est attaquée par ce liquide; la production d'électricité est corrélative de cette action chimique. Pour éviter le dépôt d'hydrogène qui se formerait sur l'électrode non attaquée (*pôle positif*), et qui diminuerait fortement l'intensité du courant (*polarisation*), on introduit entre cette lame et le liquide un corps oxydant ou *dépolarisant*, capable d'absorber l'hydrogène. Ce dépolarisant peut être liquide ou solide; dans le premier cas, il peut être mélangé au liquide excitateur ou en être séparé par une cloison poreuse.

Dans la pile de Bunsen (*fig.* 1), qui fut si longtemps employée à l'Opéra, un vase de grès renferme le liquide excitateur, eau acidulée par un peu d'acide sulfurique, et l'électrode négative, formée d'un cylindre de zinc Z, fendu dans toute sa hauteur. Au centre est un vase

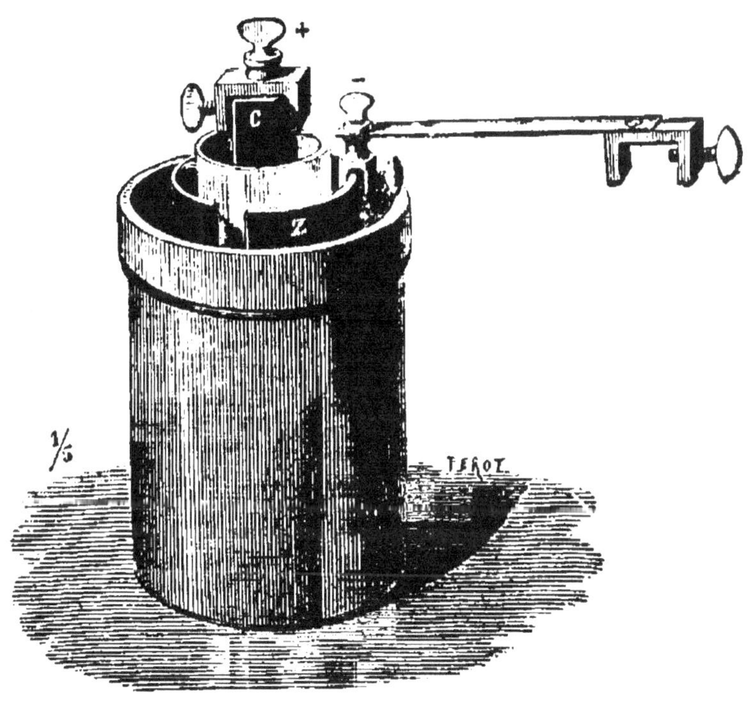

Fig. 1. — Pile Bunsen.

poreux, qui contient un prisme de charbon C, représentant le pôle positif, et le dépolarisant, qui est de l'acide azotique. Sous l'action du courant, l'acide azotique donne du peroxyde d'azote et de l'oxygène, qui se recombine avec l'hydrogène pour former de l'eau.

Lorsque les zincs sont bien amalgamés, cette pile

peut rester constante plusieurs heures; elle a une grande force électromotrice et une résistance assez faible, mais elle a l'inconvénient d'émettre des vapeurs de peroxyde d'azote d'une odeur suffocante, ce qui oblige à l'installer dans un local spécial.

Dans la pile dite à bichromate, le dépolarisant,

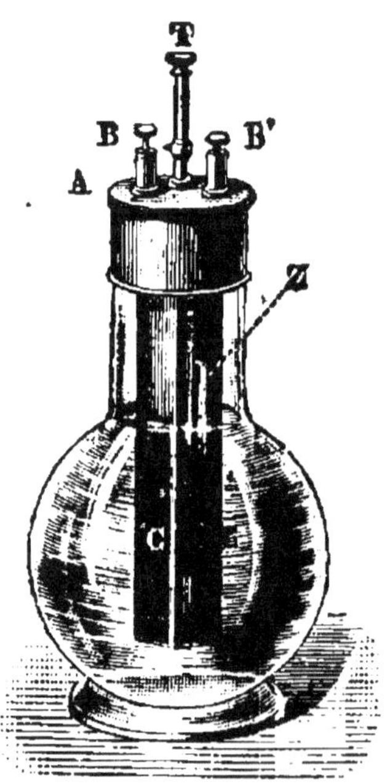

Fig. 2. — Pile bouteille.

bichromate de potasse, est souvent mélangé avec le liquide excitateur, eau acidulée. Pour la monter, on fait une solution concentrée de bichromate de potasse et l'on y ajoute un peu d'acide sulfurique. Le pôle négatif est une lame de zinc; le pôle positif est constitué par deux plaques de charbon, placées de part et d'autre du zinc. Le bichromate donne de l'alun de chrome et de l'oxygène, qui s'unit à l'hydrogène.

Ordinairement, pour éviter qu'elle ne s'use à circuit ouvert, on soulève, soit les zincs seuls, soit l'ensemble des zincs et des charbons, hors du liquide pendant

Fig. 3. — Pile à treuil.

qu'on ne s'en sert pas. On emploie souvent la forme bouteille (*fig.* 2) : le liquide est renfermé dans un vase de verre hermétiquement fermé par un couvercle d'ébonite A ; les charbons C sont fixes et descendent jusqu'au fond ; le zinc Z peut être plongé dans le liquide ou soulevé au dehors au moyen de la tige T; les bornes B et B′ représentent les deux pôles. Dans un autre modèle, le liquide est placé dans des vases cylindriques en grès; les éléments solides sont fixés à une planchette, suspendue à deux cordes qui s'enroulent sur un treuil; on les fait monter ou descendre en tournant dans un sens ou dans l'autre (*fig.* 3).

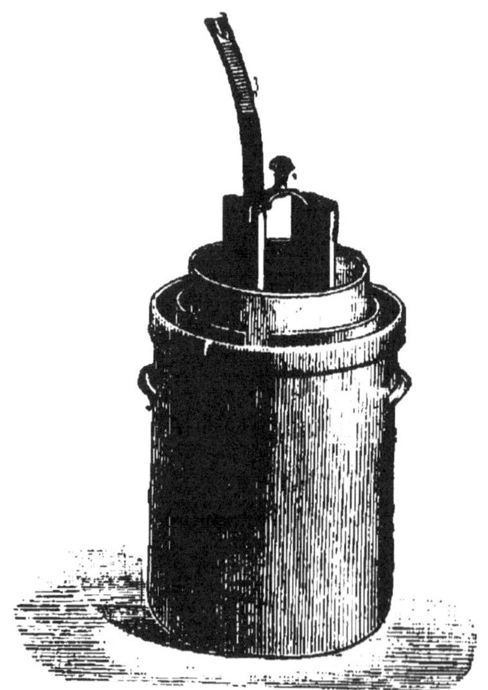

Fig. 4. — Pile Delaurier.

La pile à bichromate a peu d'applications dans les théâtres; elle est cependant employée avec le métronome électrique de M. Carpentier.

Dans la pile Delaurier, le bichromate est séparé du liquide excitateur. Le vase poreux central (*fig.* 4) reçoit deux lames de charbon, réunies en quantité, qui forment l'électrode positive, et le liquide dépolarisant, formé de :

Eau.	1000	gr.
Bichromate de potasse.	112,5	»
Acide sulfurique à 66°.	225	»
Sulfate de soude.	100	»
Sulfate ferreux.	100	»

Le vase extérieur reçoit un zinc, qui n'a pas besoin d'être amalgamé, et de l'eau ordinaire, qu'on acidule avec un peu du liquide précédent.

Cette pile ne dégage aucun gaz; elle est d'un entretien facile et peu coûteux; elle est généralement employée pour les orgues électriques.

La pile de Lalande et Chaperon utilise comme dépolarisant l'oxyde noir de cuivre, qui est solide et qu'on place au contact du pôle positif.

L'électrode négative est une lame de zinc, et le liquide une dissolution de potasse caustique à 30 ou 40 0/0. Le zinc s'oxyde aux dépens de l'eau et met en liberté de l'hydrogène, qui réduit l'oxyde de cuivre pour fournir de l'eau et du cuivre. L'oxyde de zinc se combine lui-même avec la potasse et se transforme en zincate de potasse.

Dans les modèles les plus récents (*fig.* 5), cet oxyde est aggloméré sous la forme de plaques telles que C; l'électrode positive est une lame de tôle découpée D, cuivrée à la surface et repliée de manière à présenter un logement où se trouve l'aggloméré, qui est main-

tenu en place au moyen de deux clavettes-ressorts en
cuivre laminé. La lame D est fixée sur le couvercle de
faïence B par 'une vis et un écrou surmonté d'un
borne E.

Le zinc Z, de forme rectangulaire, est rivé sur une

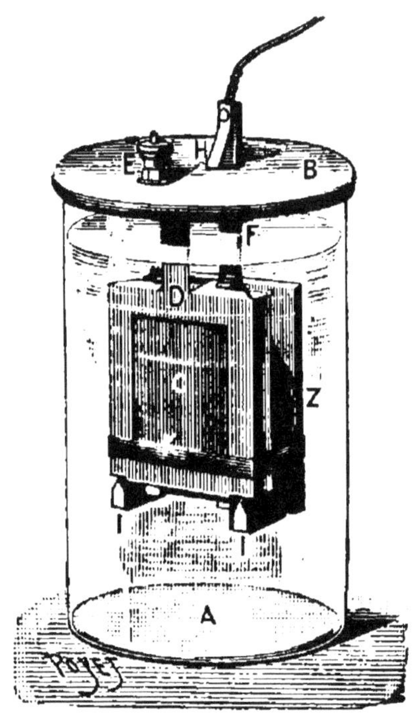

Fig. 5. — Pile de Lalande et Chaperon.

lame métallique F, portant à sa partie supérieure un
ressort d'acier H et un fil conducteur en cuivre. Pour
mettre ce zinc en place, l'aggloméré étant déjà fixé,
on introduit dans l'ouverture rectangulaire du couvercle l'extrémité du fil, puis la lame F, qu'on pousse
verticalement jusqu'à ce que, le ressort ayant fléchi,

son extrémité dépasse l'ouverture et vienne reposer sur la surface du couvercle. Deux pièces d'ébonite I I, fixées sur la lame D, servent à maintenir le zinc et l'oxyde de cuivre à la distance convenable; un bracelet de caoutchouc K assure la position des deux électrodes.

Dans les éléments de plus grandes dimensions, il y a trois zincs et deux agglomérés; les plaques de même espèce sont réunies en quantité. On fait aussi des modèles hermétiques, dont l'enveloppe est une bouteille de fer tenant lieu d'électrode positive. Cette pile présente de bonnes qualités; elle ne s'use pas à circuit ouvert; on ne peut lui reprocher que la faiblesse de sa force électromotrice, 0,85 volt. Elle est employée par la Compagnie du Théâtrophone; elle peut servir également pour les avertisseurs, les sonneries, les orgues et autres appareils actionnés par des piles.

La pile Leclanché (*fig.* 6) a pour liquide actif une solution de chlorhydrate d'ammoniaque; l'électrode négative est un crayon de zinc et la positive une lame de charbon. La substance dépolarisante est du bioxyde de manganèse en petits morceaux, qu'on mélange avec du charbon de cornue également concassé, pour diminuer la résistance. Ce mélange est tassé dans un vase poreux, qui contient aussi la plaque de charbon; le vase est donc tout préparé et l'on n'a qu'à l'introduire dans le vase de verre extérieur où l'on a placé d'abord le sel ammoniac en poudre. On ajoute de l'eau et le crayon de zinc, qui se loge dans un des coins du vase de verre. Dans cette pile, il se forme d'abord du chlorure de zinc, du gaz ammoniac et de l'hydrogène, puis le chlorure de zinc lui-même est décomposé et la réaction devient plus complexe.

Fig. 6. — Pile Leclanché à vase poreux.

L'hydrogène agit sur le peroxyde de manganèse pour donner de l'eau et du sesquioxyde.

Dans d'autres modèles (*fig.* 7), le vase poreux est supprimé et l'on dispose, de chaque côté de la plaque de charbon, des agglomérés formés de :

40 parties de bioxyde de manganèse,
55 parties de charbon,
5 parties de gomme-laque.

Ces agglomérés s'obtiennent en chauffant le mélange à 100 degrés, et le comprimant à 300 atmosphères avec une presse hydraulique. Le zinc est séparé de l'ensemble précédent par un tasseau de bois ou de terre poreuse, et le tout est réuni par des bracelets en caoutchouc.

La pile Leclanché peut rester montée très long-

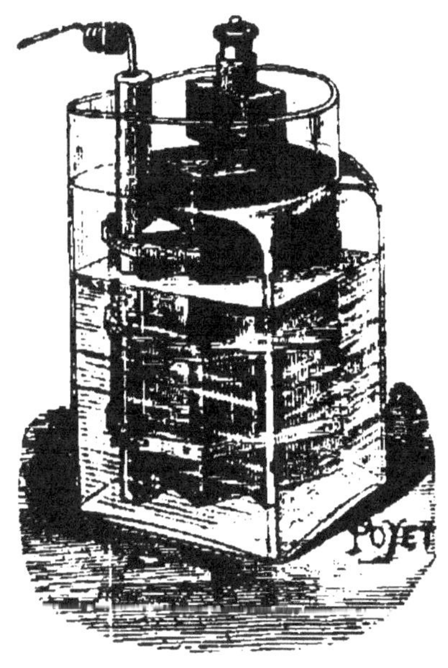

Fig. 7. — Pile Leclanché à agglomérés.

temps, elle ne s'use pas du tout à circuit ouvert, mais elle se polarise assez vite; elle convient surtout aux usages intermittents. Elle peut servir aux mêmes applications que la précédente; comme elle, elle est employée par la Compagnie du Théâtrophone.

Il existe un certain nombre de piles dans lesquelles le liquide est immobilisé par son mélange avec une substance qui le transforme en une pâte peu fluide. Le principal avantage de ce système est de rendre les éléments très facilement transportables. On emploie dans certains théâtres une pile de ce genre, dérivée de l'élément Leclanché, la pile-bloc de M. Germain, (*fig.* 8), dans laquelle la substance mêlée au liquide est une cellulose extraite de la partie extérieure de la noix de coco et improprement appelée *cofferdam*. Dans

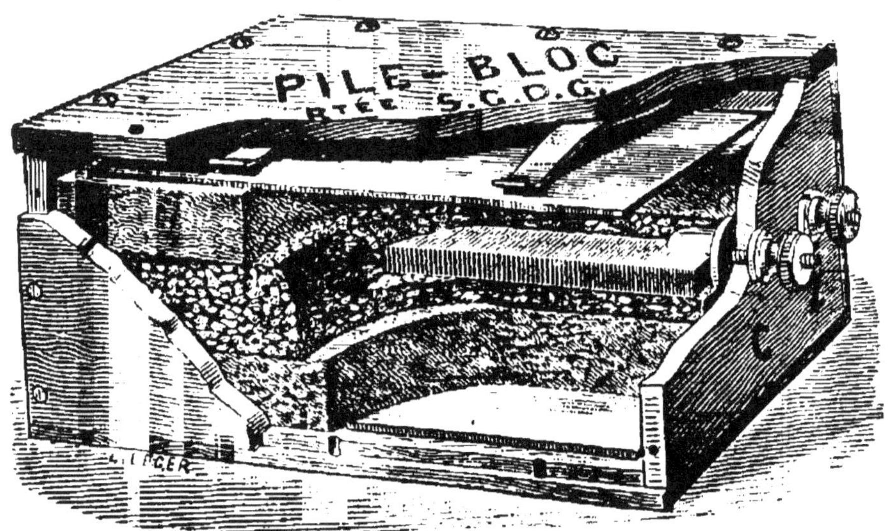

Fig. 8. — Pile-bloc.

une boîte de chêne, enduite de paraffine et parfaitement étanche, se trouve au fond une plaque de zinc pur bien amalgamée, puis une couche de cellulose imbibée à chaud d'une solution de chlorhydrate d'ammoniaque, dans le rapport de 1 de cellulose pour 3,5 ou 4 de liquide. Sur ce mélange repose la plaque de charbon, entourée d'un lit de charbon et de peroxyde de manganèse; au-dessus se trouve un second lit de cellulose imbibée de dissolution de sel ammoniac et une deuxième plaque de zinc, puis une planchette de bois sur laquelle pressent deux forts ressorts fixés au couvercle. Celui-ci est monté à vis sous la presse et donne une fermeture absolument hermétique. Les ouvertures latérales qui laissent passer les deux électrodes métalliques fixées l'une au charbon, l'autre aux deux lames de zinc, sont rendues bien étanches par des rondelles de caoutchouc serrées par des écrous.

Cette pile partage en partie les défauts des piles sèches : grande résistance du liquide, et, par suite, faible débit. Comme elles aussi, et à un degré plus élevé, elle est très facile à transporter et n'exige aucun soin. Enfin, d'après l'auteur, la cellulose comprimée qu'elle renferme présente plusieurs avantages. Elle est inaltérable en présence de l'air et de l'ammoniaque, et absorbe une grande quantité de liquide. La pression exercée, si elle augmente la résistance du liquide, diminue notablement celle du mélange de charbon et de peroxyde de manganèse; en outre, elle rend l'usure du zinc plus régulière, puisque la pression, et par suite le contact du liquide, diminuent en tout point qui se creuse plus que les parties voisines.

Emploi des accumulateurs. — On sait que les accumulateurs ne constituent pas, à proprement parler, une source d'électricité; ils doivent d'abord être chargés à l'aide d'une pile primaire ou mieux d'une dynamo, et peuvent restituer ensuite, sous forme de courant, immédiatement ou au bout d'un certain temps, la plus grande partie de l'énergie qu'ils ont reçue.

Malgré la nécessité de les charger et la perte d'énergie qu'ils nécessitent, les accumulateurs peuvent rendre de nombreux services dans les théâtres. Tout d'abord, ils peuvent servir de source d'électricité; c'est ce qui a lieu dans les installations faites par la maison Clémançon; on les charge alors, soit au moyen de machines placées dans le théâtre même, soit avec le courant fourni par une usine extérieure. Dans ce dernier cas, ils offrent l'avantage de supprimer, dans le théâtre, l'usine particulière qu'on a souvent tant de peine à y loger, les locaux n'ayant généralement pas été disposés pour recevoir l'éclairage électrique, et d'éviter la présence des machines à vapeur et la construction d'une cheminée, qui peuvent être une source de difficultés et d'ennuis. Cette disposition a été appliquée aux quatre théâtres de la Renaissance, de la Porte-Saint-Martin, de l'Ambigu et des Folies-Dramatiques qui, placés tout près les uns des autres, ont pu être desservis par une usine unique située rue de Bondy.

Lorsque les accumulateurs sont chargés par des machines installées dans le théâtre même, comme au Gymnase, ils permettent de réduire les dimensions ou le nombre de ces machines.

En effet, au lieu d'être obligé de faire marcher les dynamos seulement pendant la durée de la représentation, c'est-à-dire environ cinq heures, comme on est forcé de le faire en n'employant pas d'accumulateurs, on peut charger ceux-ci à un moment quelconque et utiliser à cette opération tout le temps qu'on voudra. Si, par exemple, on emploie dix heures chaque jour pour emmagasiner dans les accumulateurs l'énergie qu'on veut dépenser en cinq heures, il est clair qu'on pourra se contenter d'une puissance deux fois moindre que si l'on voulait produire cette énergie pendant la durée même de la représentation. On voit donc que, dans ce cas, l'emploi des accumulateurs diminue les frais d'amortissement et la place occupée par la machinerie; or, il arrive souvent, et c'est ce qui a eu lieu pour le théâtre que nous venons de citer, qu'on a la plus grande peine à trouver le moindre emplacement disponible.

On trouve même des accumulateurs dans beaucoup de théâtres, où les appareils d'éclairage ou autres sont alimentés directement par le courant d'une usine extérieure ou de leurs propres dynamos; ils servent de source auxiliaire, et alimentent des circuits spéciaux, servant, par exemple, à l'éclairage de jour ou à l'éclairage de sûreté. Ainsi, dans certains théâtres munis de machines, les dynamos, pendant la représentation, tout en fournissant le courant nécessaire pour l'éclairage de la scène et de la salle, chargent une batterie d'accumulateurs; ceux-ci servent ensuite, pendant le cours de la journée suivante, à alimenter un certain nombre de lampes placées dans les endroits qui ont besoin d'un éclairage continu, comme les dessous, les couloirs obscurs, etc., ou destinées à éclairer la scène pendant les répétitions. C'est ce qui a lieu à l'Odéon. Dans d'autres théâtres, les accumulateurs desservent, pendant la représentation, au moyen de circuits spéciaux, un certain nombre de lampes, dites de sûreté, placées dans les couloirs et les dégagements, afin d'éclairer la sortie, dans le cas où un accident quelconque provoquerait l'extinction de l'éclairage général; cette disposition est réalisée, en même temps que la précédente, au Châtelet et à l'Opéra-Comique.

Ajoutons encore que les accumulateurs pourraient être employés comme source temporaire, dans le cas où l'on voudrait réaliser des effets exigeant une puissance supérieure à celle de l'installation ordinaire. On pourrait alors adjoindre à cette installation un nombre suffisant d'accumulateurs, qu'on chargerait en dehors des heures de représentation.

Enfin les accumulateurs peuvent être employés dans les théâtres, comme ils le sont dans la plupart des installations d'éclairage un peu importantes, pour servir de volant électrique, c'est-à-dire pour régulariser la lumière et parer aux extinctions subites. En intercalant une batterie d'accumulateurs dans le circuit général, elle donne, si les machines viennent à se ralentir pour une cause quelconque, un débit régulier d'électricité, qui compense ces inégalités. En cas d'extinction subite, les accumulateurs, en se déchargeant, peuvent entretenir l'éclairage pendant un temps suffisant pour assurer la sortie du public. Peu de théâtres, croyons-nous, emploient les accumulateurs dans ce but; on peut citer cependant celui de Genève; mais les installations sont généralement assez bien faites pour qu'on n'ait pas à craindre l'inconvénient que nous venons de signaler.

Les accumulateurs se composent en général d'un vase rempli d'eau acidulée, dans lequel plongent deux électrodes métalliques; si on relie ces deux lames aux pôles d'une source d'électricité, l'eau est décomposée, l'hydrogène se porte sur l'électrode négative et l'oxygène sur la positive. En donnant à ces lames un état physique ou une composition convenable, on peut accumuler à leur surface une quantité considérable des deux gaz. Si l'on supprime ensuite la source primaire, et qu'on ferme le circuit de l'accumulateur, un courant de décharge, de sens contraire au premier, se produit et continue jusqu'à ce que les gaz se soient complètement recombinés.

Certains accumulateurs, comme la pile secondaire de Planté, dont ils dérivent, ont deux électrodes en plomb, rendu très poreux par des préparations convenables. Tels sont ceux de MM. Reynier, de Montaud, de Kabath.

Dans un grand nombre de modèles, les électrodes sont recouvertes d'oxydes, suivant le procédé indiqué par M. Faure en 1881; ainsi, dans l'accumulateur Faure-Sellon-Volckmar (E. P. S.), les électrodes positives sont recouvertes de minium et les négatives de litharge; pendant la charge, le premier composé se change en peroxyde de plomb et le second en plomb métallique; pendant la décharge, les plaques revien-

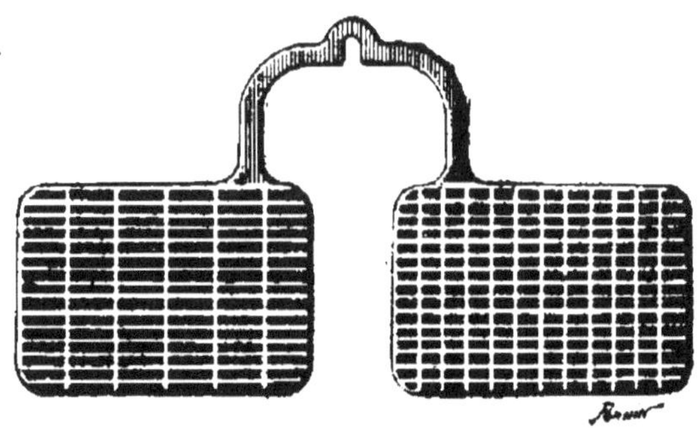

Fig. 9. — Plaques jumelles de l'accumulateur Faure-Sellon-Volckmar.

nent à leur état primitif. Lorsqu'on veut donner à l'élément une grande surface, on dispose dans le vase

Fig. 10. — Accumulateur Faure-Sellon-Volckmar.

un certain nombre de plaques parallèles, alternativement positives et négatives, et l'on réunit en quantité toutes celles de même nom.

Dans les modèles nouveaux, on construit les plaques réunies deux à deux par un pont métallique (plaques jumelles) (*fig.* 9); on n'a donc qu'à les placer dans les vases sans avoir la peine d'effectuer les liaisons (*fig.* 10).

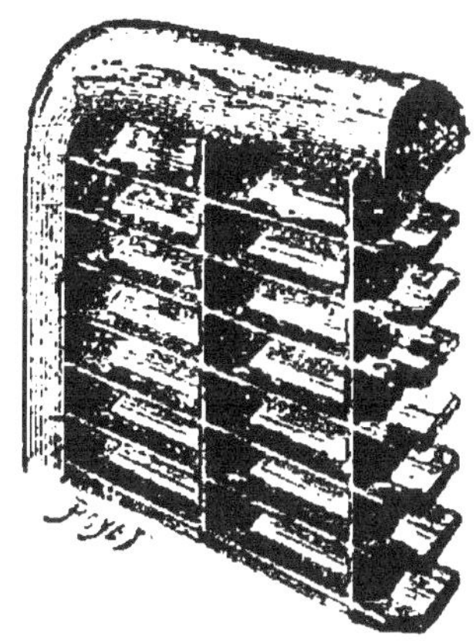

Fig. 11. — Plaque négative de l'accumulateur Faure-Sellon-Volckmar.

Les nouvelles plaques négatives sont formées par une plaque de plomb ayant la forme que montre la figure 11 et dont les cavités sont remplies de matière active. De plus, la matière active est fabriquée de manière à la rendre très solide.

Les plaques positives (*fig.* 12), qui étaient autrefois semblables aux négatives, sont construites aujourd'hui de manière que leur coupe ressemble à celle d'un filet de vis triangulaire à angles vifs ou arrondis, coupée suivant son axe. Ces plaques présentent au centre une âme métallique assez solide pour éviter tout bris, tout gondolement et toute usure.

Les anciens récipients, en bois doublé de plomb, qui malgré toutes les précautions possibles, s'usaient plus ou moins rapidement par l'action corrosive du liquide avec lequel ils se trouvaient forcément en contact, ont été remplacés par des caisses en alliage de plomb et d'antimoine, inattaquable à l'acide sulfurique. Les parois sont en forme de grillage,

Fig. 12. — Plaque positive de l'accumulateur Faure-Sellon-Volckmar.

ce qui permet de leur donner l'épaisseur voulue pour en assurer la rigidité et la solidité sans en exagérer le poids. Ces récipients sont doublés d'une feuille de plomb laminé inattaquable à l'acide et soudée à la soudure autogène. Les batteries sont placées ordinairement sur des chantiers métalliques légers et solides, faciles à démonter; les éléments reposent sur ces chantiers par l'intermédiaire d'isolateurs en porcelaine. D'autres isolateurs de même substance sont placés au fond des cuves et sur leurs parois latérales, pour maintenir la distance et le parallélisme des plaques.

Pour monter une batterie, on place, autant que possible, tous les récipients bout à bout. Le premier reçoit toutes les positives extrêmes, qu'on réunit par un collecteur formant le pôle positif. Entre ces plaques, on interpose les négatives d'un pareil nombre

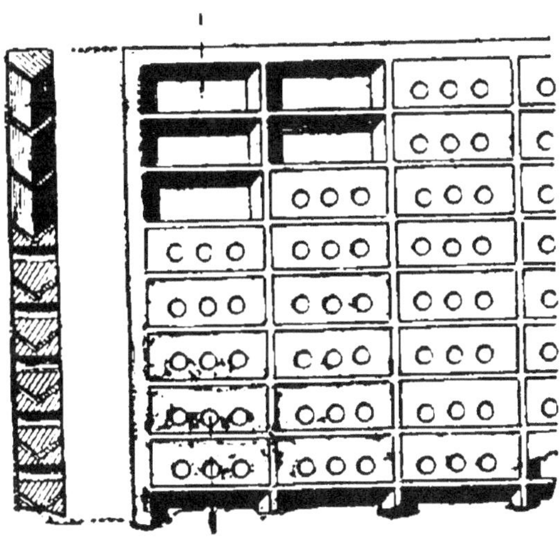

Fig. 13. — Disposition des plaques de l'accumulateur Julien.

de plaques jumelles, dont les positives se placent naturellement dans le second vase, et l'on continue ainsi jusqu'au dernier, dans lequel les négatives extrêmes sont reliées à leur tour par un collecteur unique constituant le pôle négatif. Ce système a l'avantage de supprimer toutes soudures, jonctions, bornes, etc., sauf aux extrémités. Ces appareils sont employés notamment à l'Opéra, à l'Opéra-Comique, à la Comédie-Française, à l'Odéon, au Palais-Royal.

L'accumulateur Julien ne diffère guère du précédent que par la nature de la carcasse inactive, qui est formée d'un alliage inoxydable de 95 de plomb, 3,5 d'antimoine et 1,5 de mercure. Les plaques, dont la disposition est montrée sur la figure 13, portent des alvéoles ayant environ 6 mm. de côté, remplies d'oxy-

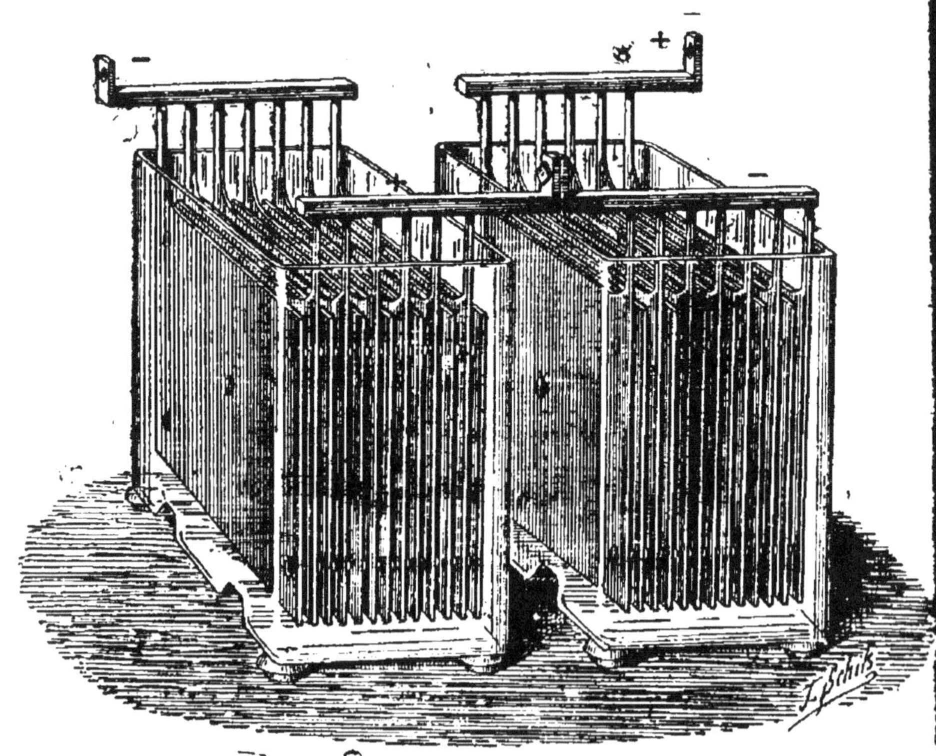

Fig. 14. — Accumulateur Julien.

des de plomb, minium et litharge, à raison de 80 grammes pour chaque plaque positive et de 85 grammes pour chaque plaque négative. Les pastilles de matière active sont en outre perforées, ce qui assure une meilleure circulation du liquide et un contact plus intime.

Chaque élément comprend six plaques positives et

sept négatives. Toutes les plaques de même nom d'un élément sont fixées à une barre métallique; pour établir la jonction, il suffit de réunir par un écrou les barres des deux éléments consécutifs, comme le montre la figure 14, les électrodes de même signe étant tournées alternativement en sens contraire. Le fond des récipients présente deux renflements qui soulèvent les plaques au-dessus de la partie inférieure où se réunissent les résidus.

L'accumulateur Tudor (*fig.* 15) est du genre Planté, mais sa formation est rendue plus rapide. Cette formation terminée, les rainures sont remplies de matière active (mélange de minium et de litharge). Ainsi préparées, les plaques sont de nouveau formées dans un bain électrolytique. En recouvrant la lame de plomb d'une couche de peroxyde électrolytique, l'inventeur a eu pour but d'empêcher la sulfatation du métal au contact de la matière active dont on la garnit et, en même temps, d'amorcer la formation qui se continue à chaque charge ultérieure de l'accumulateur, augmentant ainsi sa capacité à mesure que la matière active se détache de la plaque et tombe. C'est pour cela que le poids de la matière active est peu élevé par rapport au poids de plomb de la plaque, car cette matière active n'est destinée qu'à servir provisoirement, l'accumulateur fonctionnant au bout d'un an ou d'un an et demi, comme un accumulateur Planté. Ses électrodes (*fig.* 16) sont rectangulaires et présentent sur les deux faces des nervures symétriques horizon-

Fig. 15. — Accumulateur Tudor.

tales et parallèles, très rapprochées l'une de l'autre, ce qui leur donne, sous un faible volume, une surface considérable et augmente la rigidité. Pendant la charge et la décharge, les oxydes peuvent librement se contracter et se dilater entre les nervures sans faire gondoler ni déformer les plaques. L'épaisseur excessivement mince de la couche d'oxyde diminue la résistance

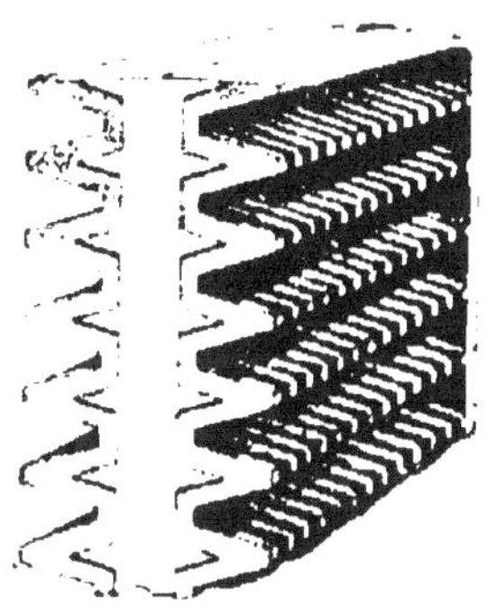

Fig. 16. — Plaque de l'accumulateur Tudor.

et empêche la détérioration rapide des plaques. Pour faciliter la construction de très puissantes batteries, sans dépasser les limites raisonnables des dimensions de chaque plaque, on ne fait qu'un seul type de plaque ayant 14 cm. de hauteur, 13,5 cm. de largeur et 1,35 cm. d'épaisseur. Leur poids est de 2050 grammes. Suivant la capacité à donner à l'élément, on groupe 4, 8, 16 ou 32 de ces plaques dans un cadre en plomb antimonieux très robuste, et on assemble le tout par soudure autogène.

Les assemblages (*fig.* 15) n'exigent aucune pièce métallique; les queues des plaques ont un profil spécial qui permet de les souder individuellement à une lame épaisse en plomb, de forme particulière, reliant entre elles toutes les électrodes de même nom.

La Société pour le travail électrique des métaux cons-

Fig. 17. — Accumulateur de la Société pour le travail électrique des métaux.

truit des accumulateurs (*fig. 17*) dans lesquels la partie active des plaques est du plomb pour les électrodes négatives et du peroxyde de plomb pour les positives. Ces deux substances sont préparées par un procédé particulier qui les donne très poreuses et cristallisées ; on se sert pour cela de chlorure de plomb qu'on fond avec une proportion variable de chlorure de zinc. Ce mélange est coulé en pastilles, qu'on lave à l'acide chlorhydrique pour enlever toute trace d'oxyde ou de chlorure de zinc. Les pastilles sont ensuite enchâssées dans des cadres de plomb, puis les plaques qui doivent servir d'électrodes négatives sont débarrassées du chlore en les employant à former, avec des plaques de zinc, une pile dans laquelle le chlore se porte sur ce dernier métal.

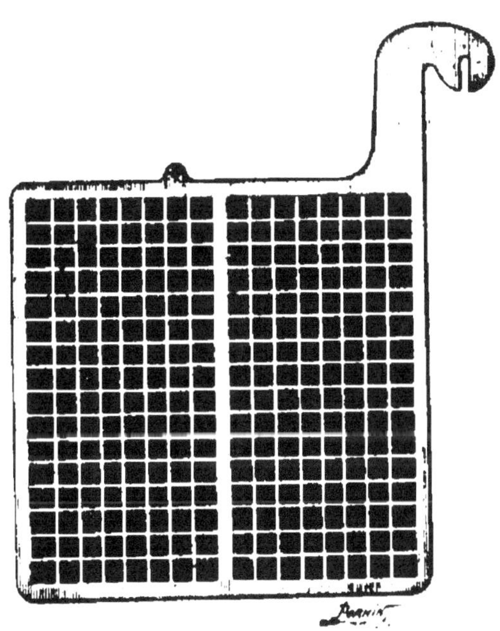

Fig. 18. — Plaque d'accumulateur de la Société pour le travail électrique des métaux.

Les plaques qui doivent devenir positives sont lavées, puis chauffées dans une étuve à air chaud, pour transformer les pastilles en peroxyde. On obtient ainsi des substances très poreuses : le plomb des plaques négatives a pour densité 2, 75 environ et l'oxyde des positives 3 environ. La figure 18 montre la forme des plaques de cet accumulateur.

Production de l'électricité par les dynamos. — Les théâtres qui possèdent une installation électrique complète, et qui ne peuvent être desservis par une station extérieure, doivent nécessairement posséder une usine particulière contenant les dynamos destinées à produire le courant et les appareils accessoires nécessaires à l'exploitation.

Les machines d'induction ou machines électriques, qui forment la partie essentielle d'une telle usine, engendrent des courants induits par le déplacement des bobines dans un champ magnétique; elles comprennent toujours un *inducteur*, destiné à produire le champ magnétique; un *induit* ou *armature*, qui tourne dans ce champ et qui produit le courant utilisé; un *collecteur* qui recueille les courants induits et les redresse si c'est nécessaire. Les machines dont le champ est produit par des aimants permanents sont appelées *magnéto-électriques*; on nomme *dynamo-électriques* celles dans lesquelles le champ est dû à un ou plusieurs électro-aimants; ces dernières sont seules employées dans le cas qui nous occupe.

Dans les dynamos, le courant excitateur qui traverse les électro-aimants peut être fourni, soit par une machine distincte appelée *excitatrice*, soit par la machine elle-même, qui est dite alors *auto-excitatrice*. Dans ce dernier cas, l'inducteur peut être traversé, soit par le courant entier (excitation en série), soit seulement par une dérivation (excitation en dérivation). Dans ce dernier cas, la force électromotrice croît avec la résistance extérieure; dans le premier, au contraire, elle diminue à mesure que cette résistance augmente. On peut remédier à ce double inconvénient en disposant sur les électros deux enroulements, l'un en série, l'autre en dérivation (excitation compound); les deux effets se neutralisent, et la différence de potentiel aux bornes reste constante, pourvu que la vitesse de rotation ne change pas.

Certaines machines donnent un courant continu, d'autres des courants alternatifs; parmi ces dernières, il y en a qui portent un collecteur disposé pour redresser le courant et le rendre continu : elles sont dites à courants redressés. Nous ne pourrions, sans sortir du cadre de cet ouvrage, indiquer la théorie des machines dynamo-électriques, ni entreprendre une énumération complète de ces appareils, qui sont fort nombreux; nous nous bornerons à décrire quelques-uns des types employés le plus fréquemment dans les théâtres.

La machine de Gramme est caractérisée par la disposition de son induit, qui est formé d'un anneau de fer doux autour duquel s'enroule un fil de cuivre isolé, constituant un circuit continu et fermé. Cette armature tourne entre les pôles des électro-aimants, mais, pour qu'on puisse recueillir le courant, elle est divisée en un certain nombre de bobines, et le commencement de chacune d'elles est relié à la fin de la précédente. Ces liaisons sont établies par des bandes de cuivre isolées qui recouvrent la surface cylindrique du col-

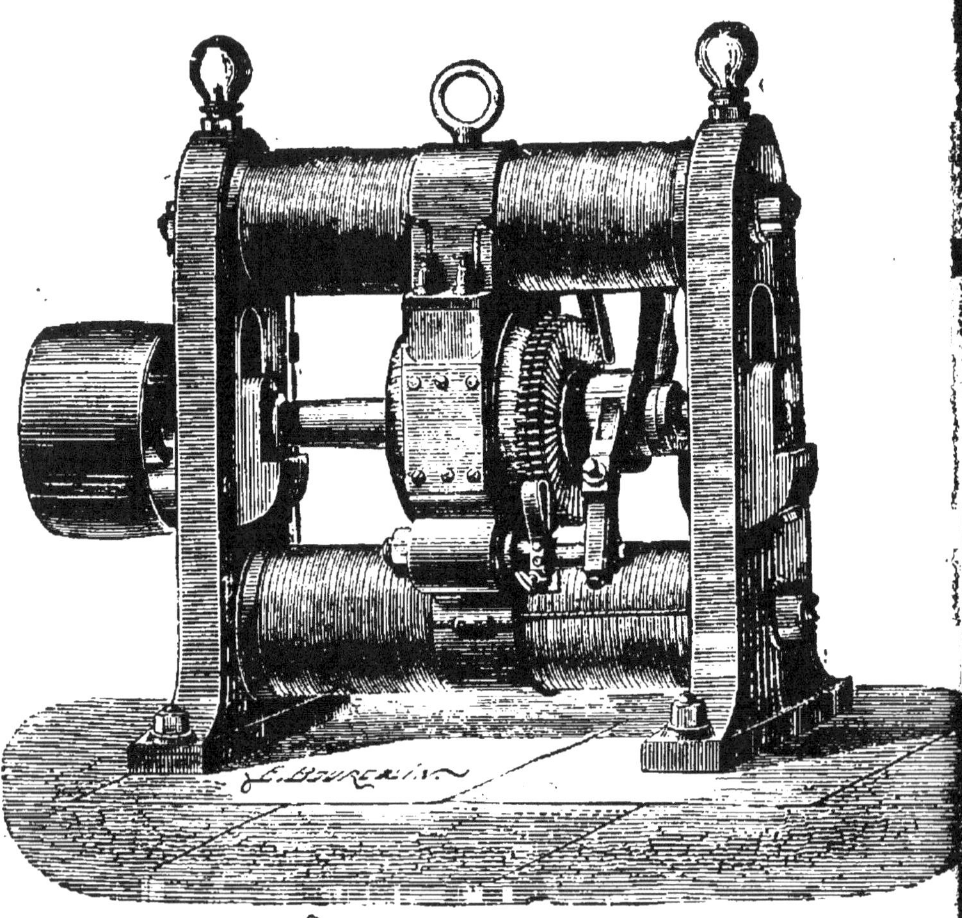

Fig. 19. — Dynamo Gramme, type d'atelier.

lecteur; deux balais, frottant sur ce cylindre, recueillent le courant, qui est continu.

La machine Gramme, type normal ou d'atelier

(*fig.* 19), qui est employée à l'Eldorado, exige une force de 3 chevaux pour une vitesse de 900 tours, et donne 25 ampères et 75 volts. Elle se compose de deux électro-aimants, dont les culasses, placées ver-

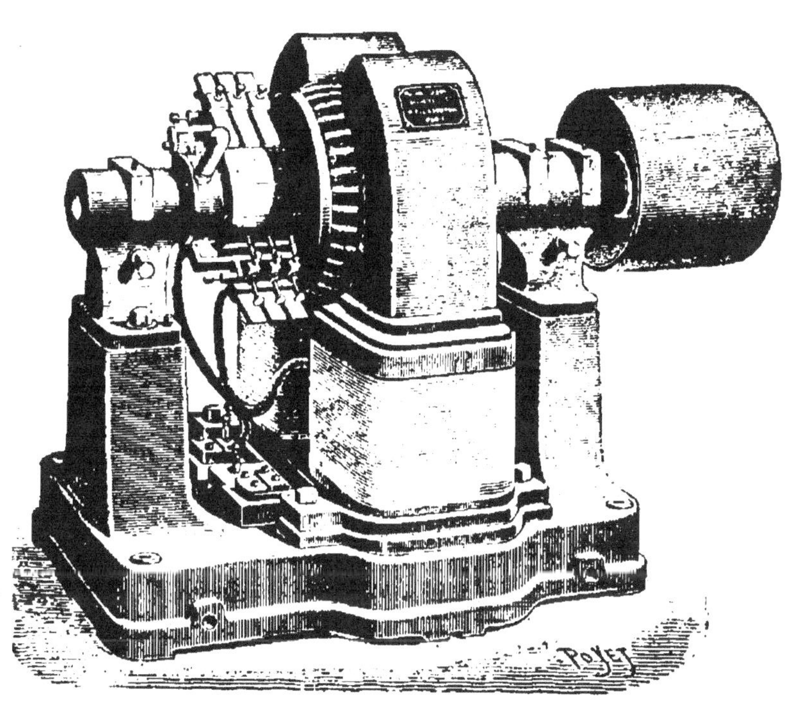

Fig. 20. — Dynamo Gramme, type supérieur.

ticalement, sont constituées par les flasques de la machine; les pôles de même nom sont en regard; ils sont réunis par des pièces polaires en fonte, qui enveloppent presque complètement l'induit.

La station qui dessert les théâtres du Châtelet et de l'Opéra-Comique emploie des machines Gramme, type supérieur, ainsi nommées parce que l'armature se

trouve à la partie supérieure de la machine (*fig.* 20).
La plaque de fondation, les noyaux des électro-
aimants, leurs pièces polaires, ayant la forme de
mâchoires qui enveloppent l'induit presque entièrement, les supports de l'arbre central, viennent de
fonte en un seul morceau, ce qui rend l'appareil très
robuste. Le noyau de l'armature est en fer doux. Le
modèle le plus récent de ce type donne 600 ampères
et 110 volts à 450 tours par minute et pèse 4000 kg.

Tous les théâtres installés par la Compagnie Edison
se servent des dynamos de cet inventeur, qui sont
spécialement destinées à l'éclairage par incandescence;
elle doivent être employées avec des lampes montées
en dérivation; elles ont une faible résistance intérieure.
L'armature est très différente de celle des machines
Gramme; elle dérive de celle de Siemens : c'est un
cylindre, formé de disques de tôle superposés, sur
lequel le fil est enroulé dans le sens de la longueur,
et seulement à l'extérieur, ce qui supprime la résistance inutile que présentent les parties intérieures de
l'anneau Gramme; ce fil est toujours divisé en un
nombre impair de bobines, de sorte qu'elles ne sont
pas diamétralement opposées, et que les balais ne
peuvent en mettre qu'une à la fois en court circuit.
Le collecteur est analogue à celui de la machine
Gramme. L'inducteur est formé d'un électro-aimant
de grandes dimensions à deux branches verticales;
la culasse est au sommet, et les pôles, placés à la
partie inférieure, sont munis de pièces polaires de

Fig. 21. — Dynamo Edison, type Opéra.

fer doux, qui entourent l'armature. Ces machines sont généralement excitées en dérivation.

L'installation primitive de l'Opéra comprenait des machines Edison à six colonnes; trois électro-aimants verticaux sont placés en ligne droite, les pôles de même nom d'un même côté; l'armature tourne entre les pièces polaires de fer doux qui réunissent ces pôles. Ce modèle n'est presque plus en usage.

Lorsqu'on a complété en 1886 l'installation de ce théâtre, telle que nous la décrivons plus loin, on a employé des machines Edison d'un nouveau modèle, étudié et calculé spécialement pour cette application par M. Picou, alors directeur des ateliers Edison, à Ivry. Les quatre premiers exemplaires furent placés à l'Opéra; c'étaient les plus puissantes dynamos existant en France à cette époque. Chacune de ces machines, qui alimente 1000 lampes de 16 bougies et pèse environ 10 tonnes, est construite d'après les données suivantes :

Puissance : 125 volts × 800 ampères = 100 000 watts.
Induit : Poids du cuivre : 190 kilogr.
    — Diamètre extérieur : 0,630 m.
    — Longueur de la génératrice induite : 0,800 m.
    — Divisions au collecteur : 40.
    — Résistance mesurée statiquement : 0,0054 ohm.
    — Vitesse linéaire : 10,500 m. par seconde; 350 tours par minute.
Inducteurs : Poids du cuivre : 285 kilogr.
    — Résistance réduite : 4,25 ohms.
    — Courant d'excitation maximum : 29,5 ampères.
Rendement électrique : 96,5 0/0.

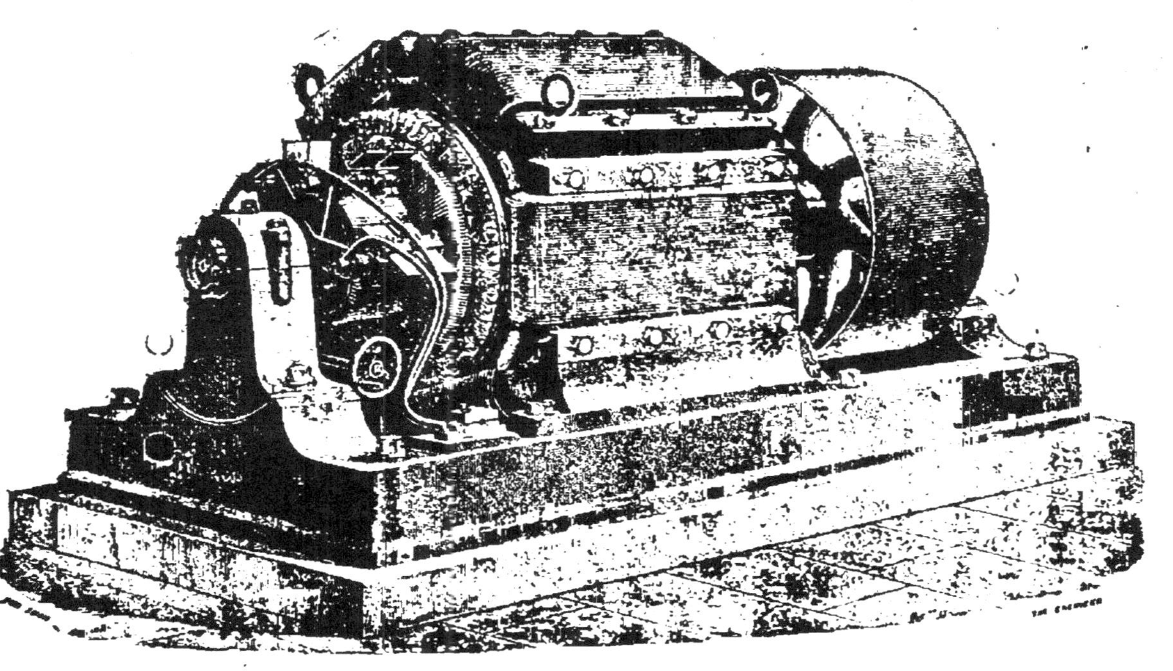

Fig. 22. — Dynamo Thury.

Ces machines (*fig*. 21) possèdent quatre électro-aimants, de forme plus ramassée que dans les modèles ordinaires, et qui se touchent par leurs pôles de même nom; ces pôles, situés au milieu de la hauteur, sont réunis par des masses polaires qui entourent l'armature.

La dynamo Thury, qui est employée par la maison Clémançon dans ses installations de théâtres, a également un induit en forme de tambour cylindrique, mais elle est multipolaire; elle donne, comme les précédentes, un courant continu. Elle a généralement six pôles (*fig*. 22).

L'inducteur est formé d'un bâti en fer, ayant la forme d'un hexagone régulier, sur les côtés duquel sont enroulées six bobines; aux angles intérieurs sont disposées six masses polaires, qui entourent l'induit. Le fil de celui-ci est enroulé sur un tambour en fer, suivant un mode particulier, qui diffère par quelques détails du système Siemens, et qui permet de donner à l'armature, de forme cylindrique, un grand diamètre; on a par suite une vitesse de rotation inférieure à celle des machines analogues, ce qui évite les dangers de grippement d'axes.

Ces machines sont caractérisées, en outre, par une très faible résistance intérieure, une grande marge dans le débit et une absence complète d'étincelles aux balais.

La faible vitesse, signalée plus haut, permet d'accoupler directement cette machine avec un moteur à vapeur, sans aucun intermédiaire tel que transmission par courroie ou câble. C'est un grand avantage pour les installations de théâtres, où l'espace est généralement très restreint. Un volant-ventilateur, qui fait corps avec l'armature et tourne avec elle, corrige les

Fig. 23. — Dynamo Thury accouplée à un moteur Lecouteux et Garnier.

irrégularités de la marche et évite tout danger dû à un échauffement accidentel de la machine, par contact dans le circuit extérieur ou par toute autre cause.

La figure 23 montre une machine Thury, de 200 ampères et 110 volts, faisant 375 tours par minute, et reliée par un manchon élastique Raffard avec un moteur

Lecouteux et Garnier; cette disposition, qui forme un ensemble très compact, est celle qui a été adoptée au Gymnase.

Dans l'installation faite récemment à l'*Olympia* de Paris, on a employé des dynamos Rechniewski.

Fig. 24. — Dynamo Rechniewski.

Cette dynamo (*fig.* 24) est à huit pôles. Les inducteurs, placés radialement, sont excités chacun par une seule bobine et sont formés de plusieurs feuilles de tôle de fer séparées entre elles par du papier enduit de gommelaque. L'armature est un anneau du genre Pacinotti.

Les machines installées à l'*Olympia* sont excitées en dérivation.

Les dynamos Rechniewski joignent à la solidité et

à une construction robuste l'avantage d'avoir un rendement très élevé.

Au point de vue de la construction mécanique, une disposition très commode a été adoptée : l'inducteur s'ouvre en deux parties, et la partie supérieure s'enlève facilement pour permettre de visiter l'induit; de plus, le palier unique est à rotule, pour lui permettre de suivre les flexions de l'arbre, relié directement à un moteur à vapeur du système Willans.

Quelques théâtres, notamment le Châtelet et l'Opéra-Comique, se servent de machines à courants alternatifs, surtout pour alimenter des bougies Jablochkoff. L'alternateur Gramme, employé dans les deux théâtres que nous venons de citer, possède, contrairement aux machines déjà décrites, un induit fixe et un inducteur mobile. Le premier a la forme d'un cylindre creux; il est divisé en bobines, comme l'anneau de la machine à courant continu. L'inducteur se compose de 8 électro-aimants, disposés radialement, de façon que les pôles extérieurs soient alternativement de noms contraires; il tourne à l'intérieur de l'armature et reçoit le courant excitateur par deux anneaux isolés fixés sur son arbre et sur lesquels frottent deux balais. A l'origine, ce courant était fourni par une petite machine distincte, appelée *excitatrice*. La machine actuelle (*fig*. 25) fournit elle-même ce courant; elle est donc auto-excitatrice. Elle forme en réalité deux machines distinctes, montées sur le même axe et dont l'une, à courant continu, sert d'excitatrice et envoie son courant dans l'inducteur de l'autre, qui produit des courants alternatifs. La position fixe de l'induit a l'avantage de supprimer le collecteur. Cette machine consomme un cheval pour chaque bougie alimentée.

Régulateurs de courant. — Dans toute installation électrique, il est nécessaire de maintenir constante l'intensité du courant qui traverse les appareils, malgré les variations qui proviennent, soit de la source d'électricité elle-même, soit du nombre des appareils en circuit. L'enroulement compound permet seul d'obtenir ce réglage automatiquement lorsqu'on fait varier le nombre des appareils en circuit; mais la régulation n'a lieu que pour une valeur déterminée de la vitesse. Avec les autres modes d'excitation, qui sont plus fréquents dans la pratique, il faut modifier la production de la machine suivant le nombre des appareils en service. On pourrait faire varier la vitesse de rotation, mais il est plus simple d'avoir recours à des résistances variables.

Lorsque la machine est excitée en dérivation ou munie d'une excitatrice indépendante, on place ces résistances dans le circuit inducteur, de façon à agir sur la force électromotrice de la machine et à maintenir constante la différence de potentiel aux bornes, en modifiant l'intensité du champ magnétique. On emploie alors des *régulateurs de champ magnétique*, qui introduisent ces résistances soit à la main, soit automatiquement; nous en donnerons un exemple à propos de l'Opéra.

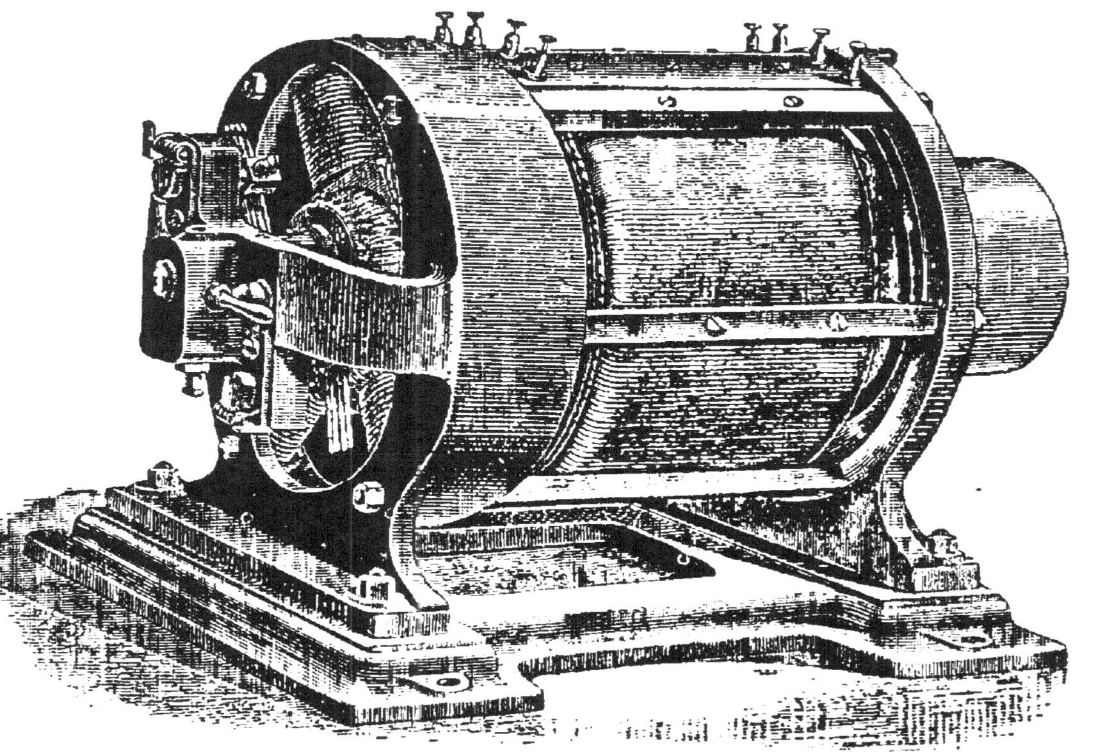

Fig. 25. — Dynamo Gramme à courants alternatifs.

Avec les machines excitées en série, on place plutôt les résistances dans le circuit induit; on se sert pour cela de rhéostats ou bien l'on modifie le calage des balais. L'un des rhéostats les plus simples est celui de M. Cance, qui est en service à l'Eldorado : il se com-

Fig. 26. — Rhéostat système Cance.

pose (*fig.* 26) d'un fil nu en maillechort, enroulé en hélice, de manière que les différentes spires ne se touchent pas, sur un cylindre en fonte émaillée garni de bandes d'amiante. Les deux extrémités du circuit communiquent, d'une part avec l'un des bouts du fil de maillechort, d'autre part avec un curseur mobile sur une règle verticale, et qui porte un pignon dont les dents sont séparées par une distance égale au pas de la spirale. Quand on fait glisser ce curseur, on change la résistance sans interrompre le courant, car il y a toujours deux dents en contact avec l'hélice.

Machines à vapeur. — Pour obtenir un courant avec des dynamos, il faut imprimer un mouvement de rotation assez rapide à l'armature, quelquefois à l'inducteur de ces machines (alternateur Gramme). Les usines des théâtres emploient généralement pour cela des machines à vapeur qu'on choisit suivant l'emplacement dont on dispose et le mode de liaison qu'on veut établir avec les dynamos. Nous donnerons seulement quelques exemples de moteurs et de chaudières employés dans les théâtres de Paris.

A l'Opéra, la machine à vapeur installée la première, en 1884, est du type Corliss horizontal à condensation et à deux cylindres jumelés, de 250 chevaux nominaux. On lui a adjoint, comme secours, une machine Armington de 100 chevaux, tournant à 300 tours.

Les machines employées dans la nouvelle installation ont été construites par MM. Weyher et Richemond; elles ont été choisies de façon à occuper le moins d'espace possible et à actionner chacune, par une seule courroie, une dynamo Edison tournant à 350 tours et exigeant 140 chevaux.

Ces machines sont du système compound perfectionné, qui obtint, à l'Exposition de 1878, le grand prix de mécanique. Les deux cylindres sont situés à la partie supérieure d'un bâti robuste et élégant (*fig.* 27), au bas duquel se trouve l'arbre à manivelles doubles, à 90° l'une de l'autre. Toute la partie antérieure est ouverte et facilement accessible. Les cylindres et le

Fig. 27. — Moteur à vapeur système Weyher et Richemond.

réservoir intermédiaire sont enveloppés de vapeur vierge provenant des chaudières.

La distribution se fait par deux tiroirs équilibrés, parfaitement étanches, grâce à un dispositif nouveau.

et disposés pour réduire au minimum les espaces nuisibles, tout en assurant de larges passages à la vapeur. La vitesse de rotation étant relativement considérable, 160 à 200 tours, on a dû séparer l'appareil de condensation, pour donner aux pompes à eau et à air la vitesse beaucoup plus faible qui leur est nécessaire. Le condenseur est formé d'une grande cloche cylindrique, ayant à sa base une coupe de bronze au centre de laquelle jaillit une lame d'eau très mince qui vient se pulvériser sur les parois inclinées de la coupe. Il se produit ainsi un brouillard qui remplit toute la cloche et condense instantanément la vapeur. L'eau nécessaire à la condensation se trouve ainsi réduite à 180 litres par cheval-heure. La pompe à air est à deux cylindres, à fourreau de bronze, à clapets étagés.

Le condenseur et les pompes à air sont actionnés par un moteur adapté sur le flanc des pompes à air. Ces organes sont absolument silencieux.

Pour la vitesse de 160 tours, on emploie comme régulateur un volant-poulie creux, renfermant des masses écartées par la force centrifuge et retenues par des ressorts puissants. Une disposition spéciale permet de régler à volonté l'action de ce volant, afin d'obtenir toutes les vitesses.

Ces moteurs ne font aucun bruit et ne produisent ni trépidations, ni chocs bruyants des condenseurs; ils sont disposés de telle sorte qu'on peut visiter à chaque instant les pièces en mouvement, les démonter,

5.

les remettre en place, s'assurer de la bonne répartition des matières lubrifiantes et de la conservation d'une basse température dans les articulations. Le mouvement est parfaitement régulier et la dépense de combustible aussi faible que possible.

Au Gymnase, le défaut d'espace a encore déterminé l'adoption de moteurs pilon, réunis directement avec les dynamos par l'intermédiaire d'un accouplement élastique Raffard. Ces machines (*fig.* 23), construites par la maison Lecouteux et Garnier, sont à grande vitesse, sans condensation, avec détente variable par le régulateur. Elles pèsent 1660 kg. et font 350 tours par minute. A la pression de 6 kg., elles donnent 22,3 chevaux avec un degré d'introduction de vapeur de 2/10, et 17,2 chevaux au degré d'introduction de 6/10.

Dans l'installation récente de l'*Olympia*, les machines adoptées sont les machines Willans (*fig.* 28). Ces moteurs sont absolument remarquables, tant par la nouveauté de leurs organes que par les beaux résultats obtenus au double point de vue de la régularité d'allure et de la faible consommation de vapeur.

Cette machine est toujours à simple effet, de sorte que les bielles travaillent toujours à la compression et que l'arbre des manivelles appuie d'une façon continue sur le demi-coussinet inférieur. Ce fait se produit d'une façon tellement précise que les constructeurs ne mettent pas de demi-coussinet supérieur à l'arbre.

Cette disposition permet d'obtenir une vitesse de

rotation extrêmement rapide, sans le moindre choc ni la moindre trépidation.

La distribution se fait d'une manière toute spéciale : les tiges des pistons sont creuses et dans leur inté-

Fig. 28. — Moteur à vapeur Willans.

rieur se trouvent les tiroirs. Une série de lumières percées dans la tige creuse agissent comme le feraient les coquilles d'un tiroir ordinaire.

Tels sont les points caractéristiques des machines Willans.

Ajoutons que, suivant la pression disponible, elles

sont simples, compound ou à triple expansion et, dans ce cas, des cylindres successifs sont placés les uns au-dessus des autres avec une tige creuse commune portant les divers pistons. De plus, suivant la puissance nécessaire, on fait agir une, deux ou trois séries de cylindres semblables, c'est-à-dire que l'on obtient une, deux ou trois machines rigoureusement identiques, agissant sur le même arbre.

Tout le mouvement des bielles et excentriques barbotte dans un mélange d'huile et d'eau contenu dans un réservoir hermétiquement fermé et placé dans le bâti.

Les trois machines d'*Olympia* ont chacune une puissance de 135 chevaux; elles sont à condensation et tournent à la vitesse de 460 tours. Elles sont manchonnées directement avec les dynamos à huit pôles de M. Rechniewski. L'ensemble ainsi formé présente des dimensions extrêmement réduites et ne consomme pas plus de vapeur que les machines à allure lente.

Les machines Willans sont employées dans un grand nombre de théâtres, parmi lesquels on peut citer : le *théâtre de la Cour*, le *théâtre Savoie* et le *Palace Theatre*, à Londres; l'*Atheneum* de Glasgow; le *théâtre des Variétés*, de Manchester; la *galerie des Beaux-Arts*, de Leeds, etc.

Chaudières. — Les générateurs de vapeur en usage dans les théâtres n'offrent rien de particulier; vu le défaut d'espace, on est généralement obligé de choisir des appareils n'exigeant qu'une faible surface.

Ce sont d'ordinaire des générateurs inexplosibles, souvent du système Belleville.

Ainsi le Gymnase possède deux chaudières de ce système, type de la marine, ayant une surface de chauffe de 19,30 m². et fournissant par heure 400 kg. de vapeur à la pression de 12 kg. Deux pompes à vapeur, dont une seule suffit à l'alimentation des deux chaudières, sont placées dans une salle voisine, qui renferme aussi les machines. Nous donnons plus loin une vue de cette installation.

A l'Opéra se trouvent également cinq générateurs inexplosibles Belleville, dont 3 de 2450 kg. de vapeur et 2 de 1250 kg. Il y a en plus une chaudière Weyher et Richemond, de 500 kg., destinée au service de jour. Les trois grands générateurs Belleville suffisent à assurer le service pendant les représentations; un des deux autres est tenu en pression comme secours; le dernier sert de réserve pour les cas d'accident.

On sait que la chaudière Belleville est, en quelque sorte, le type des générateurs inexplosibles. Elle est formée essentiellement d'un faisceau tubulaire vaporisateur (*fig.* 29), composé de serpentins verticaux identiques, juxtaposés, qui sont tous reliés à leur base avec un collecteur distributeur d'eau d'alimentation, et, à leur sommet, avec un collecteur épurateur, dans lequel la vapeur se rassemble et abandonne la plus grande partie de l'eau mécaniquement entraînée. L'eau d'alimentation, injectée par une pompe dans le cylindre inférieur, y prend rapidement la température à laquelle peut s'effectuer la précipitation des sels de chaux, qui sont entraînés, à l'état de boue, dans un cylindre vertical ou déjecteur, placé latéralement.

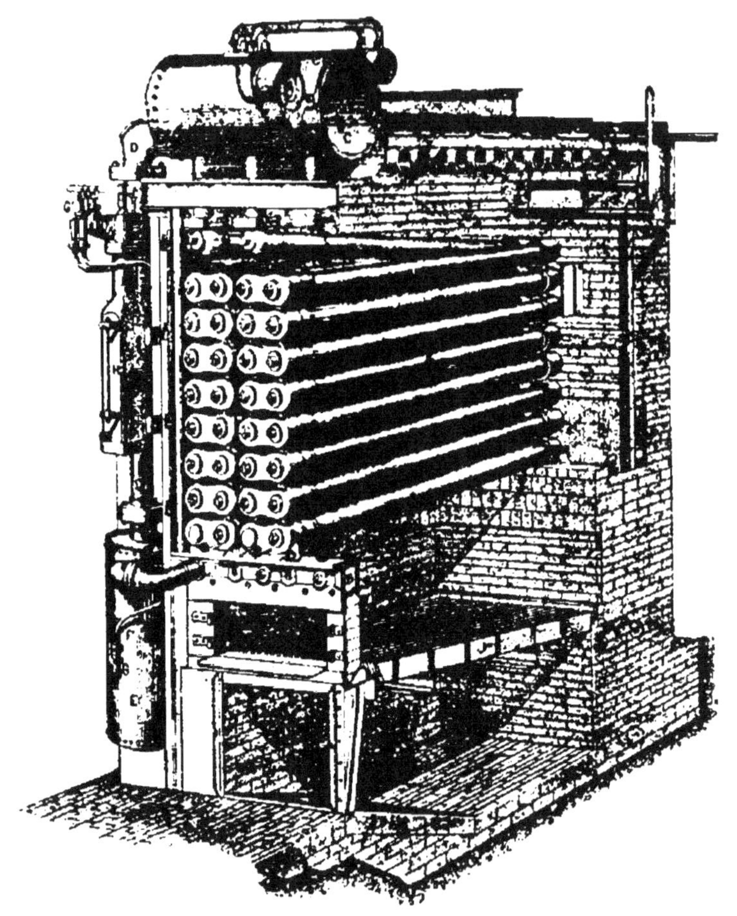

Fig 29. — Générateur de vapeur, système Belleville.

L'eau monte ensuite dans chaque serpentin, en parcourant les différentes spires, et se transforme peu à peu en vapeur, qui occupe environ la moitié supé-

rieure du faisceau, puis se réunit dans le collecteur
situé au sommet; à la suite de ce collecteur, on place
souvent un surchauffeur.

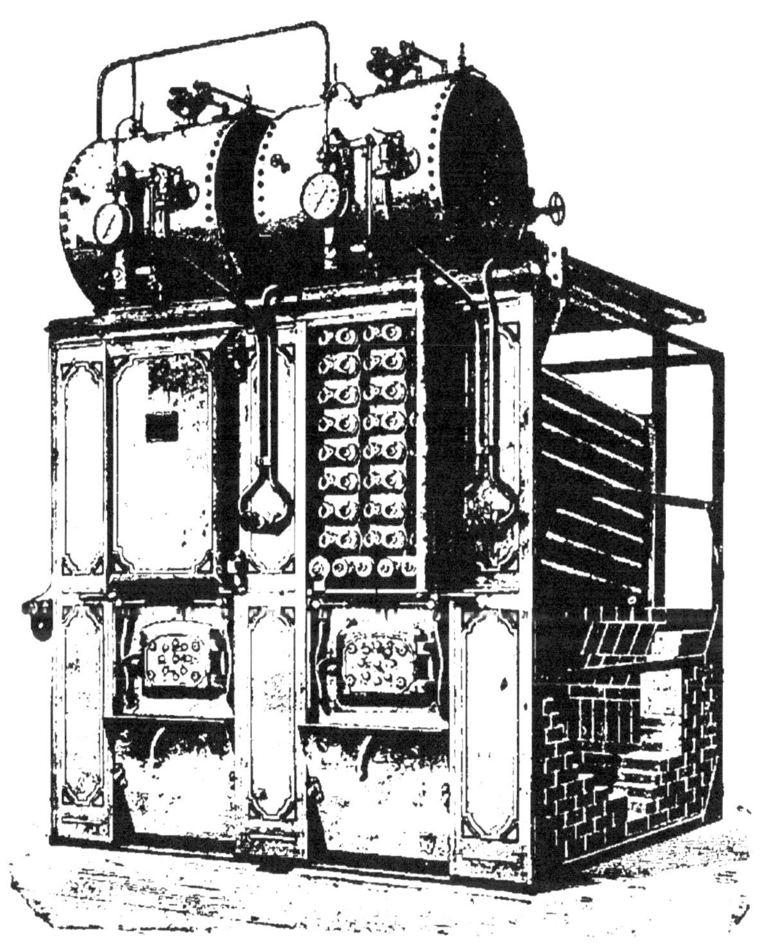

Fig. 30. — Générateur de vapeur, système Collet.

La chaudière Collet (*fig*. 30), employée à l'Eldorado,
est analogue à la précédente. Chaque élément vaporisateur est formé de tubes inclinés, disposés parallèle-

ment les uns au-dessus des autres, dans un même plan vertical, et assemblés à joint conique précis sur l'arrière d'un collecteur distributeur vertical. Ce collecteur est divisé en deux parties, sur toute sa hauteur, par une cloison percée d'orifices circulaires donnant accès dans des tubes ouverts aux deux bouts et placés dans l'axe des tubes vaporisateurs. Ces tubes présentent donc deux parties concentriques : la cavité intérieure communiquant avec la partie antérieure du collecteur vertical, l'autre avec la partie postérieure. Au sommet de ce collecteur se trouve un cylindre horizontal, qui sert à la fois à alimenter le générateur et à recueillir la vapeur formée. L'eau arrive dans ce cylindre, qu'elle remplit jusqu'à mi-hauteur, traverse la capacité antérieure du collecteur vertical, la partie intérieure des tubes, puis la cavité extérieure; la vapeur formée passe dans la partie postérieure du collecteur, arrive au cylindre horizontal et traverse enfin, avant d'être utilisée, une série de tubes sécheurs disposés horizontalement.

Les générateurs Babcock et Wilcox, employés à l'*Olympia* (*fig.* 31) sont des chaudières multitubulaires universellement connues et estimées. Comme dans toutes leurs congénères, on trouve à la partie supérieure un corps cylindrique et, au dessous, un faisceau de tubes, relié par ses deux extrémités au corps cylindrique; mais la circulation de l'eau et celle des produits de la combustion y sont particulièrement favorables à une bonne vaporisation.

Dans le cas spécial de l'*Olympia*, une difficulté s'ajoutait aux autres : il fallait, dans un emplace-

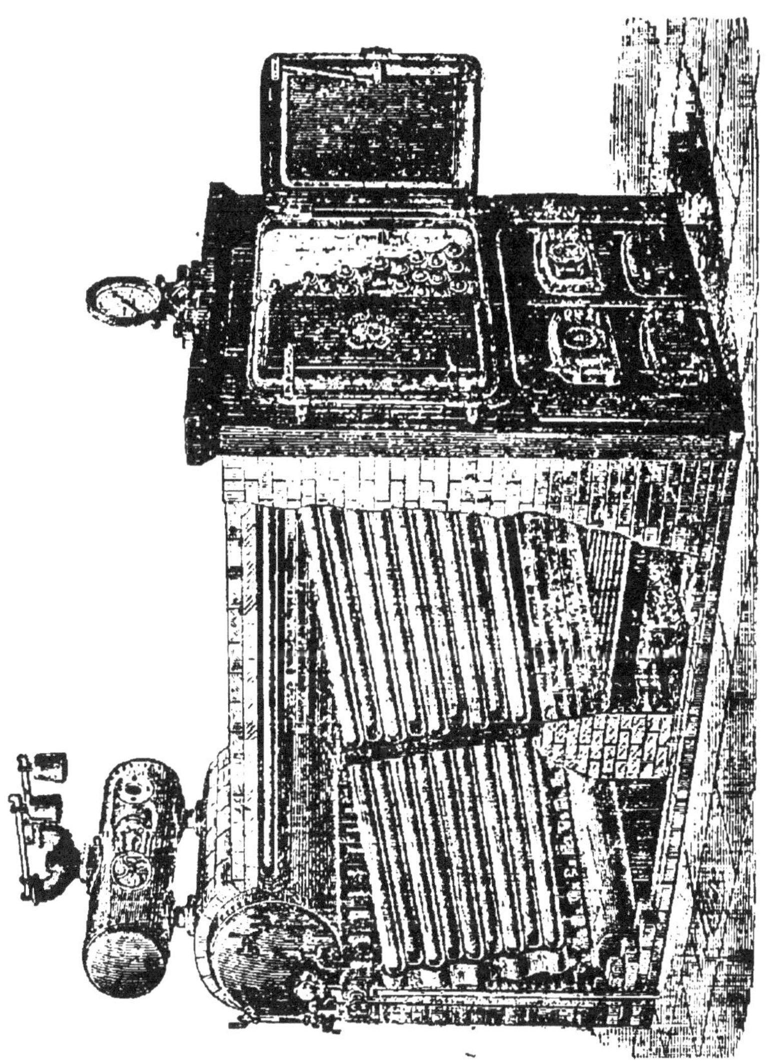

Fig. 31. — Générateur de vapeur, système Babcock et Wilcox.

ment réduit, obtenir 116 mètres carrés de surface de chauffe pour chaque. générateur et rester en seconde catégorie. La Cie Babcock et Wilcox est arrivée à obtenir ce résultat d'une façon remarquable, tout en conservant à ses chaudières les qualités de simplicité et de solidité qui les mettent au premier rang parmi les générateurs multitubulaires.

IV

DISTRIBUTION DE L'ÉNERGIE ÉLECTRIQUE DANS LES THÉATRES; APPAREILS DE CONTROLE ET DE MESURES.

Quand le courant est produit par des dynamos placées dans le théâtre même, il faut, comme dans toute station centrale, compléter l'installation par un certain nombre d'appareils accessoires destinés, soit à répartir le courant, suivant les besoins, entre les circuits qui desservent les différentes parties de l'édifice, soit à contrôler et à assurer le bon fonctionnement des appareils en service. Ces organes accessoires sont à peu près les mêmes que dans une station centrale quelconque; nous insisterons surtout sur les dispositions particulières aux théâtres.

Tableau de charge des accumulateurs. — Lorsque le courant général est produit par des accumulateurs, on relie généralement ces appareils aux machines qui servent à les charger, qu'elles soient dans le théâtre

même ou dans une station extérieure, par l'intermédiaire d'un tableau qui permet de réaliser tous les
couplages possibles entre les machines et les accumulateurs. Nous citerons comme exemple le tableau de
charge du théâtre du Gymnase.

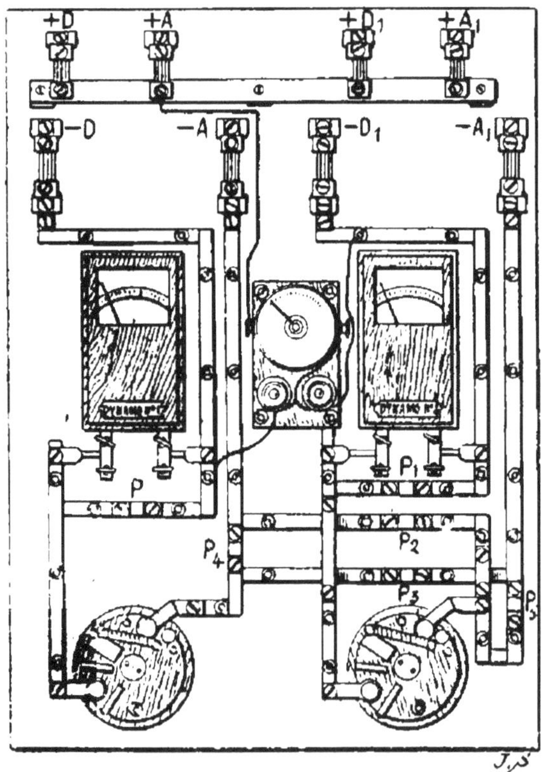

Fig. 32. — Tableau de charge des accumulateurs installé au Gymnase

A la partie supérieure de ce tableau (*fig*. 32), se
trouve une barre de cuivre horizontale, qui reçoit les
quatre pôles positifs des deux machines et des deux
batteries. Les quatre pôles négatifs se voient au-

dessous; ils terminent quatre barres verticales, disposées de telle sorte qu'on puisse établir toutes les communications voulues en déplaçant ou disposant d'une manière convenable les petites lames P. Ainsi, l'on voit facilement que l'on réunit la première dynamo D avec la première batterie seule, en fermant seulement les ponts P et P_4 et le commutateur de gauche; on la relie avec la seconde batterie seule au moyen des ponts P P_3 et du même interrupteur, etc. On peut donc, à volonté, envoyer le courant de l'une ou l'autre des machines dans l'une ou l'autre des batteries, ou bien les grouper en quantité sur l'une ou l'autre batterie ou sur les deux simultanément. La figure permet de suivre facilement toutes ces combinaisons. Deux ampèremètres sont placés en dérivation sur les circuits des deux dynamos; au milieu se trouve un voltmètre qu'on peut, à l'aide de deux boutons ordinaires, faire entrer un instant dans l'un ou l'autre des circuits pour mesurer le potentiel. Des coupe-circuits se voient à côté de chacun des huit pôles; ils sont formés de fils d'étain fusibles, disposés en quantité, et dont chacun correspond à 15 ampères.

Avant d'arriver au tableau de charge, le courant a traversé un conjoncteur-disjoncteur ou brise-courant, qui rompt automatiquement le circuit lorsque, la force électromotrice des accumulateurs ayant atteint une valeur suffisante, il est à craindre qu'ils se déchargent à travers les induits des dynamos.

Enregistreur de la charge et de la décharge des

accumulateurs. — Dans une installation d'accumulateurs et même dans une installation électrique quelconque, il est utile de mesurer constamment la charge et la décharge et d'enregistrer, soit le travail électrique, soit le travail mécanique. L'enregistrement de la décharge s'obtient sans difficulté, mais il n'en est pas de même de la charge; les irrégularités des machines, les glissements des courroies, font sans cesse osciller l'aiguille de l'ampèremètre ou du voltmètre, de sorte qu'il devient difficile d'enregistrer ses indications. Il existe cependant un certain nombre d'appareils qui permettent d'obtenir ce résultat. Ainsi, au Gymnase, on emploie avec succès un ampèremètre enregistreur de MM. Richard. Ce système consiste en un électro-aimant à deux bobines, dont les noyaux, aimantés par le passage du courant dans le fil qui les entoure, agissent sur une double armature de fer doux montée sur un axe parallèle à celui des bobines. Cette armature présente cette particularité qu'elle est cambrée, sa surface étant gauche et inclinée par rapport au plan passant par l'extrémité des noyaux; elle tend à tourner sous l'action magnétique des noyaux et a ainsi une énergie motrice considérable, ce qui permet d'enregistrer les diverses variations d'intensité du courant à mesurer. Ce galvanomètre est associé avec un enregistreur à tambour mû par un mouvement d'horlogerie (*fig.* 33).

Les diagrammes fournis par cet instrument servent en outre à contrôler la marche de l'éclairage. En effet, dans une représentation, toutes les lampes ne fonctionnent pas d'une façon continue pendant toute la soirée; à des heures déterminées, on procède à des

Fig. 23. — Ampèremètre enregistreur, système Richard frères.

extinctions partielles, qui doivent réduire la consommation d'énergie. La lecture des tracés permet de voir si les prescriptions ont bien été suivies.

Tableaux de distribution. — Dans toute installation un peu importante, le courant, quel que soit son mode de production, est amené d'abord à un tableau distributeur, placé généralement près de la source, si elle est dans le local lui-même, et portant tous les appareils de contrôle et de mesures nécessaires pour assurer la régularité du service. La composition de, ce tableau varie avec le nombre des dynamos et des circuits, la nature des brûleurs, le mode de montage, les heures d'allumage et d'extinction, etc... Le tableau de distribution renseigne le mécanicien ou l'électricien qui dirige la marche de l'éclairage et lui permet d'ouvrir et de fermer à lui seul les différents circuits.

Les théâtres n'échappent pas à la loi générale et sont munis, comme les installations industrielles, d'un tableau distributeur; mais tandis que, dans ces dernières, ce tableau porte, avec les appareils de contrôle et de mesures, les résistances qu'il peut être nécessaire d'introduire dans les circuits pour y faire varier l'intensité, dans les théâtres, au contraire, ce tableau est beaucoup plus simple et permet seulement, en général, d'effectuer les couplages nécessaires pour envoyer le courant, à la sortie des dynamos ou des accumulateurs, dans les circuits qui desservent les différentes parties du local. Parmi ces circuits, les uns contiennent des lampes, comme celles des loges d'artistes, de l'administration, de la façade, des corridors, etc., qui doivent être toujours ou allumées à plein feu ou éteintes complètement, et pour lesquelles il suffit de régler les dynamos au potentiel voulu et de leur envoyer tout le courant ou de l'interrompre, suivant les heures. Les autres, au contraire, qui assurent l'éclairage de la scène et de la salle, alimentent des lampes qui doivent passer, souvent avec une grande rapidité, par toutes les gradations d'intensité qu'exigent les effets de scène. Le courant destiné à cette partie du théâtre se rend donc d'abord du tableau de distribution à un appareil, nommé *régulateur de l'éclairage de la scène* ou *jeu d'orgue*, qui est placé dans le voisinage de la scène et manœuvré pendant toute la représentation par un employé spécial, chargé de produire les effets de lumière exigés par la mise en scène et la décoration.

A l'Opéra, vu l'importance de l'installation, la distribution se fait en deux fois : le courant, qui est produit sur place par des machines dynamo-électriques, se rend d'abord à un premier tableau de distribution, situé dans la salle même des machines, et mesurant 4 mètres de longueur sur 1 de hauteur : quatre barres de cuivre, placées deux à deux au-dessus et au-dessous de ce tableau, permettent de l'envoyer ensuite dans l'un ou l'autre de deux autres tableaux plus petits, qui commandent chacun la moitié du théâtre, soit 20 circuits. On peut ainsi faire tous les couplages possibles entre les dynamos, qui sont partagées en deux groupes, et les circuits. Nous donnons plus loin (chap. vii) d'autres détails sur ces tableaux, qu'il nous a paru impossible de séparer de la description complète de l'installation.

Dans un certain nombre de théâtres, le tableau de distribution est une sorte de commutateur suisse, composé de barres de cuivre verticales et horizontales qui se croisent, mais sont soigneusement isolées aux points de rencontre. Les barres horizontales, par

exemple B B', sont reliées aux pôles des sources électri
ques, dynamos ou accumulateurs, les tiges verticales $b\,b'$ aux extrémités des circuits. Aux points de
croisement sont pratiqués des trous, dans lesquels on
enfonce des fiches métalliques pour établir les communications. La figure 34 montre comment se fait

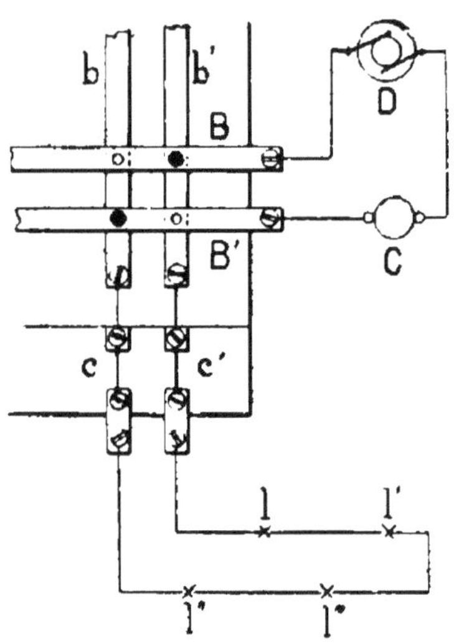

Fig. 34. — Dispositif d'un commutateur suisse.

cette manœuvre. D représente schématiquement l'ar=
mature d'une dynamo, c'est-à-dire la source d'électricité, et C un appareil de mesures; l, l', l'', l''' sont des
lampes placées sur un circuit dont les extrémités
aboutissent aux deux barres verticales b, b'; aux points
de croisement se trouvent quatre trous formant un
carré. Il suffit d'introduire dans ces trous deux fiches
en diagonale pour envoyer le courant dans le cir-
cuit l, l', l'', l''', et le sens de ce courant change suivant

qu'on met les fiches sur l'une ou l'autre des diagonales. En plaçant les chevilles plus haut sur les mêmes barres verticales, on relierait le circuit à une autre source; en les mettant plus loin à gauche sur les mêmes tiges horizontales B, B', on envoie le courant de la même source dans un autre circuit.

Cette disposition est adoptée en particulier au Châtelet et à l'Opéra-Comique. Ces deux théâtres sont desservis par une station unique, dont on trouvera plus loin la description, et possèdent un seul tableau de distribution placé dans la salle des machines. Ce tableau (*fig.* 35) se divise cependant en deux parties, dont l'une, F, dessert les circuits des lampes à incandescence, et l'autre, G, ceux des bougies Jablochkoff. Les six machines à courant continu sont reliées à des bornes D^1, D^2, D^3, D^4, D^5, D^6, placées au haut de la partie médiane. Au-dessous de ces bornes sont disposés, en R, les rhéostats de champ magnétique, en A les ampèremètres, et, à la partie inférieure, deux séries de commutateurs C, servant à coupler ensemble les six dynamos de toutes les manières possibles et à les réunir avec les bandes de cuivre numérotées de 1 à 6, placées à la droite du tableau F. Les commutateurs de la rangée inférieure servent en particulier à réunir toutes les machines en quantité. Tous ces commutateurs sont formés d'une plaque de marbre carrée, munie d'un bouton central à vis portant deux équerres métalliques, qui viennent s'enfoncer dans des godets remplis de mercure.

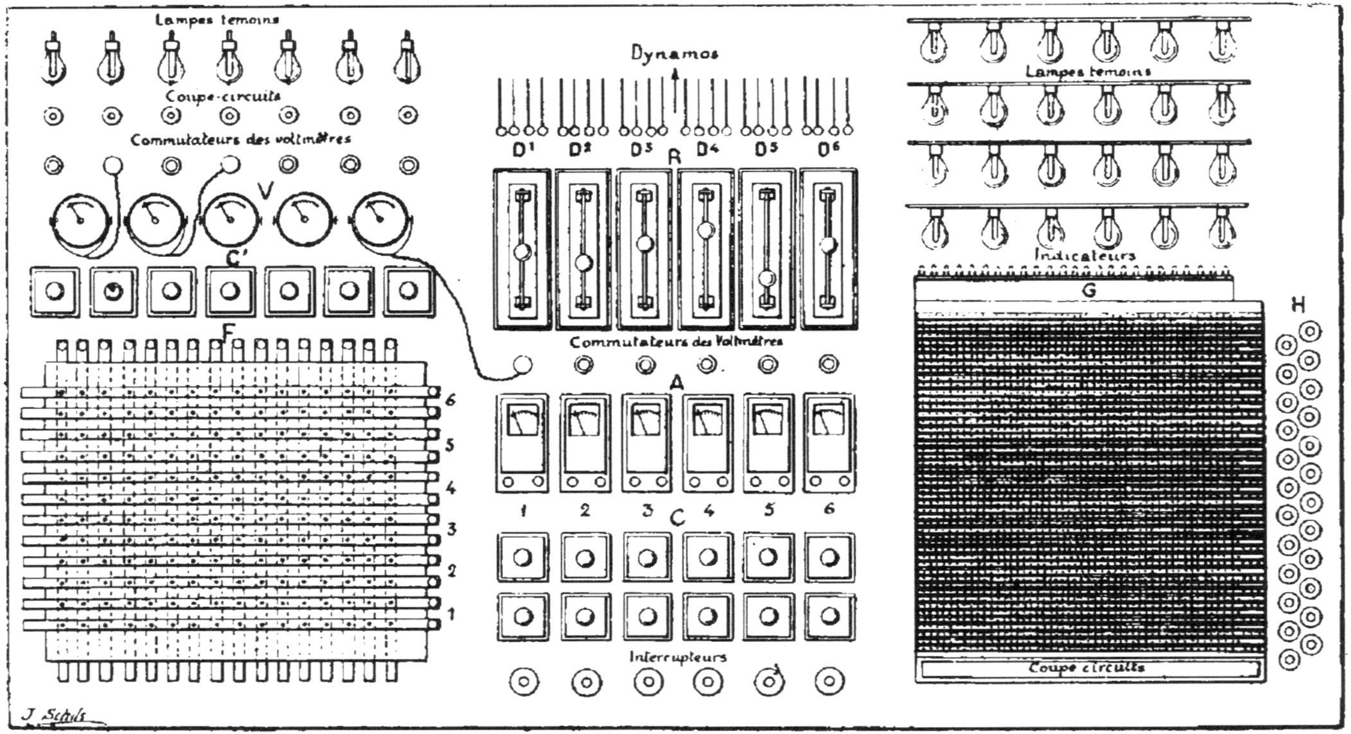

Fig. 35. — Tableau de distribution du Châtelet et de l'Opéra-Comique.

Le tableau de gauche F est un commutateur suisse; les pôles des machines sont réunis, à l'aide des commutateurs C, avec les extrémités de droite des lames horizontales; les extrémités des circuits sont fixées aux tiges verticales; les communications s'établissent par des chevilles métalliques, comme nous l'avons expliqué. Les voltmètres V sont munis de conducteurs souples terminés par des bouchons à vis, qu'on peut déplacer de façon à obtenir la différence de potentiel aux bornes des machines ou dans les lampes en service. Des lampes témoins sont placées au-dessus de ces appareils, pour renseigner les mécaniciens sur le fonctionnement de l'éclairage.

Le tableau G présente la même disposition : les câbles qui y aboutissent passent derrière le tableau. On voit en II une série de commutateurs à deux directions. Des coupe-circuits, formés d'un fil de plomb fusible, sont placés au bas de chaque tige verticale.

Au dessus de ce tableau se trouvent les indicateurs de marche qui font connaître le fonctionnement des foyers Jablochkoff. Ils sont formés d'un électro-aimant B (*fig.* 36), placé en dérivation dans le circuit des bougies. Au dessus se trouve une armature A de fer doux, fixée à l'une des extrémités d'un levier mobile autour de O, et dont l'autre bout porte deux pointes de platine isolées pouvant plonger dans deux godets de mercure p et p'. Tant que l'intensité conserve sa valeur normale dans les bougies, l'électro

6.

n'est pas assez fort pour attirer l'armature ; les pointes plongent dans le mercure et ferment le circuit d'une lampe témoin. Si, par suite de l'extinction d'une bougie, la résistance augmente dans le circuit, l'inten-

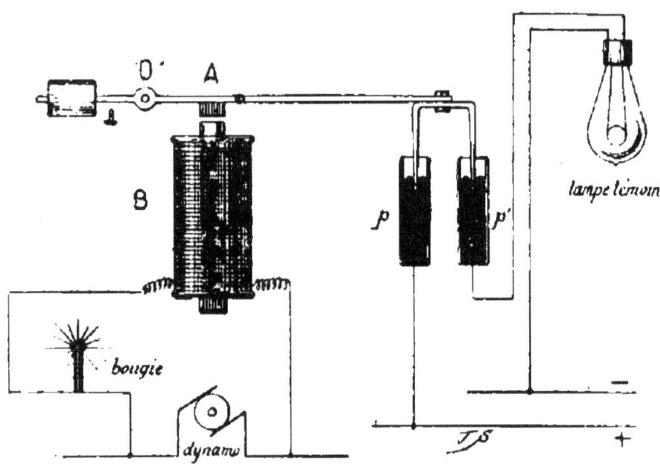

Fig. 36. — Indicateur de marche des bougies Jablochkoff.

sité devient plus grande dans la dérivation B ; l'armature est attirée, les pointes se soulèvent et la lampe s'éteint. Ces indicateurs sont placés sur une planchette au-dessus du commutateur G (*fig.* 35) et les lampes témoins auxquelles ils sont reliés sont disposées elles-mêmes sur un panneau placé immédiatement au-dessus des indicateurs.

Au Gymnase, le tableau présente une disposition qui se rapproche un peu de la précédente, mais qui est plus simple ; le nombre des circuits est d'ailleurs plus faible. Le courant est fourni par deux batteries d'accumulateurs, dont les pôles positifs, $+ A$ et $+ A_1$, sont fixés au haut du tableau, à l'extrémité d'une barre de cuivre horizontale, qui reçoit aussi les pôles correspondants des sept circuits composant l'installation de

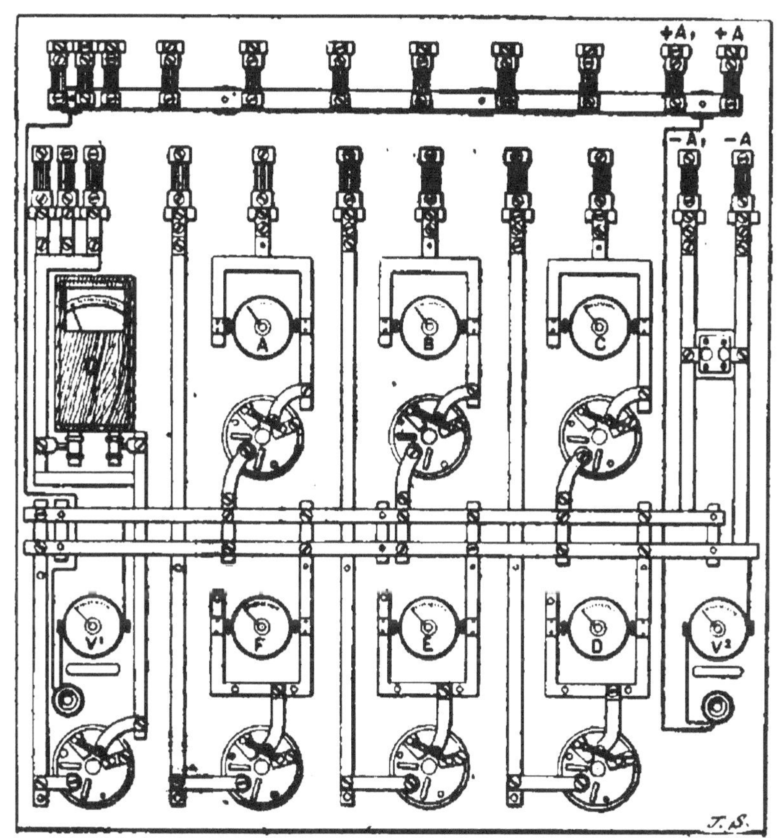

Fig. 37. — Tableau de distribution du Gymnase.

ce théâtre (*fig.* 37). Les pôles négatifs des batteries, — A et — A₁ et ceux des circuits sont placés exactement au-dessous des premiers, à l'extrémité de longues barres verticales. Tous les pôles positifs étant constamment réunis, il suffit, pour envoyer le courant dans un circuit, de relier son pôle négatif à celui d'une des batteries, ou des deux à la fois. Ces communications s'établissent à l'aide de chevilles, qu'on enfonce dans des trous pratiqués aux points de rencontre des barres verticales avec les deux barres horizontales situées au milieu du tableau, et qui communiquent avec les pôles négatifs des batteries. Chaque circuit comporte un ampèremètre et un interrupteur rond. Dans le circuit G, qui correspond au jeu d'orgue, le courant se divise en trois : ce circuit étant beaucoup plus chargé que les autres, on a préféré, à cette époque, établir la communication par trois câbles, au lieu d'en employer un seul plus gros. Les autres circuits A, B, C, D, E et F correspondent aux loges d'artistes, corridors, administration, etc... On en trouvera plus loin le détail (ch. vii). Près de chaque pôle, on trouve un coupe-circuit formé de fils fusibles disposés en quantité.

Jeu d'orgue ou régulateur de la scène. — Nous avons dit que le courant destiné à l'éclairage de la salle et des différentes parties de la scène se rend d'abord à un tableau appelé jeu d'orgue [1], qui permet de faire subir à cet éclairage les variations d'intensité

---

1. Ce nom, qui n'a plus aujourd'hui aucune raison d'être, était employé lors de l'éclairage des théâtres par le gaz. Le régulateur se composait alors d'une série de tuyaux verticaux, munis de robinets et placés près de la scène. C'est en agissant sur ces robinets qu'on faisait varier l'éclairage de la salle et de la scène.

fréquentes et souvent très rapides exigées par la mise en scène.

Pour obtenir ce résultat, il faut disposer de résistances qui puissent être introduites dans ces circuits et en être enlevées rapidement, par les soins d'une personne placée de manière à pouvoir être avertie des changements nécessaires et suivre sur les divers circuits les effets des manœuvres qu'elle exécute. L'ensemble des commutateurs qui servent à introduire ces résistances forme le jeu d'orgue; quant aux résistances elles-mêmes, elles sont placées, soit auprès de ce régulateur, soit à une petite distance, suivant la disposition du local.

Dans certains théâtres, le jeu d'orgue est placé sous le plancher de la scène, près du trou du souffleur; l'électricien qui le dirige ne pouvant pas alors suivre les effets produits sur la scène et dans la salle par la manœuvre des rhéostats, il est utile d'adjoindre au régulateur une lampe étalon pour chaque circuit, afin qu'il puisse observer l'état de chacun d'eux à un instant quelconque. Telle est la disposition suivie à l'Opéra, où le jeu d'orgue commande trente-quatre circuits; les rhéostats sont disposés sur deux rangées de dix-sept, de façon qu'on puisse les manœuvrer très rapidement. Les résistances sont placées à 2 mètres en contre-bas, derrière le mur de scène. On trouvera plus loin (chapitre VII) une description plus complète de ce régulateur; nous avons cru préférable de le laisser à côté des autres appareils de cette installation, avec lesquels il présente une grande analogie de dispositions.

Dans d'autres théâtres, le jeu d'orgue est placé sur scène, ce qui permet à l'électricien de voir directement

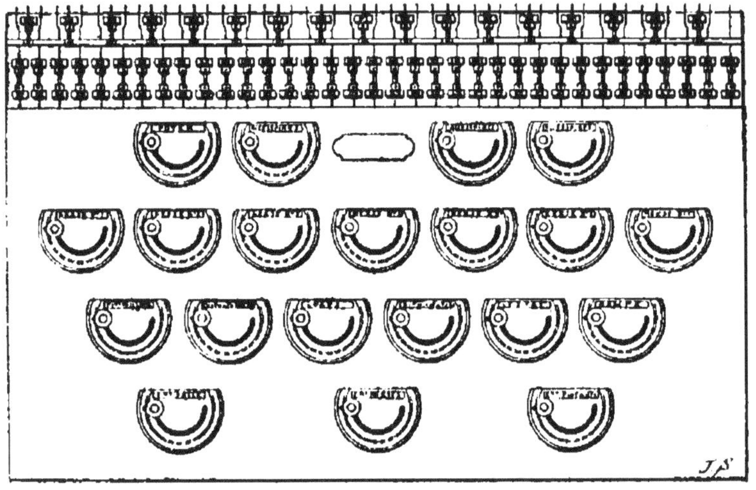

Fig. 38. — Régulateur ou jeu d'orgue du Gymnase.

l'effet des manœuvres qu'il accomplit, sans avoir besoin de recourir à des lampes étalons. Cette disposition a été généralement adoptée par M. Clémançon, notamment au théâtre du Gymnase, dont nous représentons le régulateur (*fig.* 38). Il est formé d'un tableau portant autant de commutateurs qu'il y a de circuits dans la salle et sur la scène : à la partie inférieure se trouvent d'abord trois commutateurs généraux, marqués : général salle, général herses, général portants, qui permettent de passer rapidement de la pleine lumière à l'obscurité presque complète ou réciproquement. Le premier commande à la fois la rampe, le lustre, les girandoles, etc.; le second, les sept herses; et le troisième, les portants des deux côtés. Ces trois circuits principaux se subdivisent ensuite en un nombre convenable de circuits secondaires, munis chacun d'un commutateur spécial, qui permet de le régler isolément à l'intensité voulue. Ainsi, la salle se divise en quatre circuits : rampe, lustre, girandoles, loges; les portants du côté cour (droite du spectateur) et ceux du côté jardin sont placés sur deux circuits secondaires distincts. Les commutateurs partiels qui correspondent à ces six divisions occupent le second rang; sur le troisième se voient ceux qui commandent individuellement les sept herses; enfin, on a placé à la partie supérieure ceux qui gouvernent quatre autres circuits, indépendants des commutateurs généraux, car ils ne concourent pas aux effets de scène (foyer et accessoires). L'électricien peut ainsi allumer le foyer au commencement de chaque entr'acte et l'éteindre à la fin; quelques lampes, indépendantes du jeu d'orgue, restent seules allumées pour éviter une obscurité complète.

Les commutateurs sont formés d'un demi-cercle sur lequel tourne une manette, et qui porte un certain nombre de touches auxquelles sont reliées les extrémités des résistances. Chaque commutateur secondaire (*fig.* 39) possède 12 touches, et le circuit correspondant est toujours divisé en trois parties; dans chacune desquelles on peut intercaler quatre des douze résistances. Lorsque la manette est dans la position figurée par la ligne pointillée *o* B, les trois circuits sont complètement ouverts et ne renferment aucune résistance; si on l'abaisse peu à peu, on fait baisser légèrement l'intensité d'un des circuits, les deux autres restant à plein feu. Quand on arrive à la cinquième touche en partant de B, le premier circuit est complètement éteint; si l'on continue à tourner, on diminue d'abord l'intensité du second, sans toucher au troisième; puis, lorsqu'on a dépassé la huitième touche, on produit de même l'extinction du second circuit et on diminue graduellement l'intensité du troisième, qui s'éteint lorsqu'on est arrivé en A.

Ce procédé a l'avantage d'éviter la brutalité avec laquelle se produisent d'ordinaire les passages du jour à la nuit. En effet, si l'on baisse toutes les lampes à la fois, il arrive un moment où les filaments de charbon n'émettent plus qu'une lueur rouge, ce qui change tout à fait la teinte de l'éclairage, tandis qu'on avait seulement besoin de le diminuer. On peut éviter en partie cet inconvénient en divisant les lampes en trois circuits qui s'éteignent ou s'allument successivement, comme nous l'avons indiqué. Le changement de teinte ne se produit plus que dans l'extinction du troisième circuit, lorsque la lumière est déjà devenue très faible. Dans les commutateurs généraux, cette division en trois circuits n'existe pas. Dans tous les cas, les organes représentés par la figure 39, c'est-à-dire le disque et la manette, sont toujours

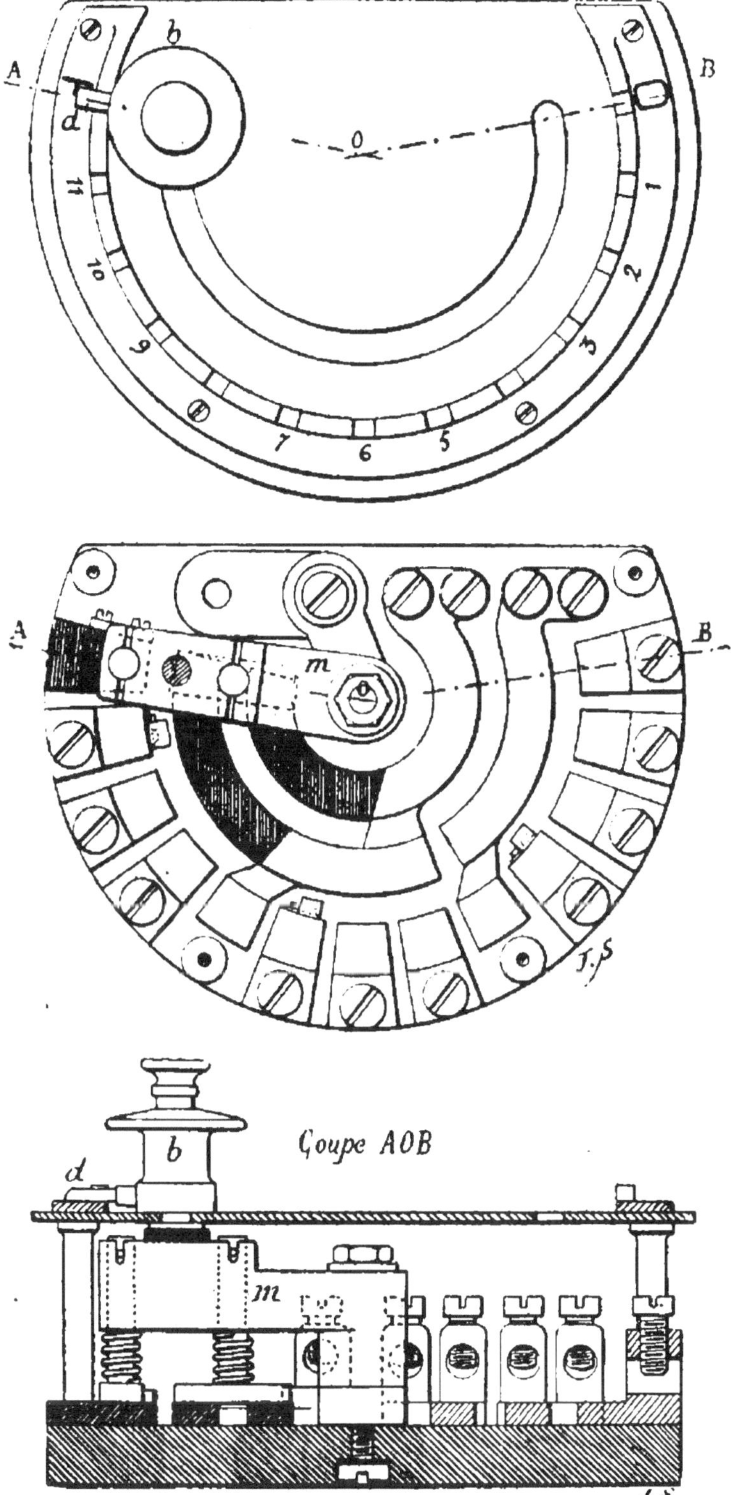

Fig. 39. — Détails du jeu d'orgue du Gymnase.

cachés par une plaque de recouvrement, représentée en haut de la figure 39, qui porte des crans indiquant les positions où l'on doit arrêter la manette pour qu'elle se trouve sur les touches. Cette plaque est percée, en outre, d'une rainure semi-circulaire dans laquelle se meut un bouton b qu'on saisit avec la main pour faire tourner la manette; c'est le seul organe visible. Lorsque la manette est arrêtée sur une touche, il faut, pour la faire mouvoir, appuyer d'abord sur le bouton; on dégage ainsi une pièce qu'un ressort maintenait engagée dans le cran correspondant et l'on peut faire tourner l'ensemble.

Cette disposition rappelle un peu celle du manipulateur du télégraphe Bréguet. Dans chaque commutateur, les résistances interposées ne sont pas égales; elles vont en croissant graduellement de droite à gauche.

Au théâtre de Gand, on se sert également de rhéostats circulaires, mais les touches sont au nombre de 24, ce qui permet de faire varier encore plus lentement l'intensité.

Au théâtre de Terry, à Londres, on emploie comme résistances des tiges de charbon, reliées en haut et en bas par des bandes de laiton; un contact mobile permet de faire varier le nombre de ces résistances mises en circuit.

Appareils accessoires. — Les usines électriques des théâtres comprennent encore un certain nombre d'appareils accessoires, interrupteurs et commutateurs,

coupe-circuits, indicateurs, etc., destinés à assurer et
à contrôler le bon fonctionnement de l'installation. Ces
instruments étant ordinairement semblables à ceux
qu'on emploie dans toutes les stations électriques,
nous n'en dirons que quelques mots.

A l'Eldorado, qui a été installé par la Société Cance,

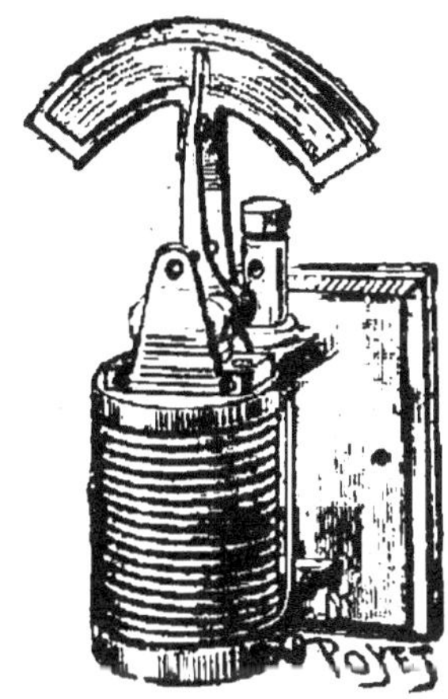

Fig. 40. — Indicateur de marche, système Cance.

chaque circuit contient une sorte de galvanoscope ou
indicateur, qui renseigne le surveillant sur le fonctionnement de la lampe correspondante. L'indicateur
Cance se compose d'un électro-aimant (*fig.* 40), au-
dessus duquel est une aiguille portant à sa partie
inférieure deux cylindres horizontaux et parallèles,
l'un de cuivre, l'autre de fer doux. Quand le courant
ne passe pas, le poids des cylindres maintient l'aiguille
verticale; lorsque l'électro devient actif, il attire le
cylindre de fer doux, et l'aiguille s'incline plus ou

moins, selon l'intensité du courant. Nous avons décrit plus haut, à propos du tableau de distribution du théâtre du Châtelet, un indicateur du fonctionnement des bougies Jablochkoff adjoint à ce tableau. Les interrupteurs et commutateurs peuvent présenter un grand nombre de dispositions; on peut en voir des exemples sur les tableaux de distribution dont il a été parlé précédemment. Les interrupteurs sont généralement faits pour couper le circuit simultanément en deux points situés sur les fils qui se rendent aux deux pôles : on obtient ainsi une plus grande sécurité. Nous citerons en particulier le commutateur suisse décrit plus haut.

Les coupe-circuits sont formés de fils ou de lames d'alliage fusible, qui doivent fondre et couper automatiquement le circuit lorsque l'intensité devient trop forte, afin d'éviter les accidents qui pourraient résulter de cet accroissement imprévu, par exemple la détérioration des fils, des lampes ou autres appareils placés dans le circuit, les incendies, etc.

Dans certains théâtres, on a employé, au lieu de lames fusibles, des fils parallèles montés en quantité; chacun de ces fils fondant pour une intensité donnée, par exemple 15 ampères, on en met un nombre suffisant pour supporter l'intensité maxima qu'on veut obtenir.

A l'Eldorado, M. Gance a employé des coupe-circuits à fil fusible, qui sont disposés de telle sorte qu'on peut les changer facilement, même pendant la marche. Le fil est fixé par deux vis V et V′ (*fig.* 41) sur deux demi-cercles en cuivre percés chacun d'un trou t et t'. Le tout est disposé sur un petit cylindre de bois C, qui porte également deux trous et qui se pose sur la pièce D, munie de deux tiges pénétrant exactement

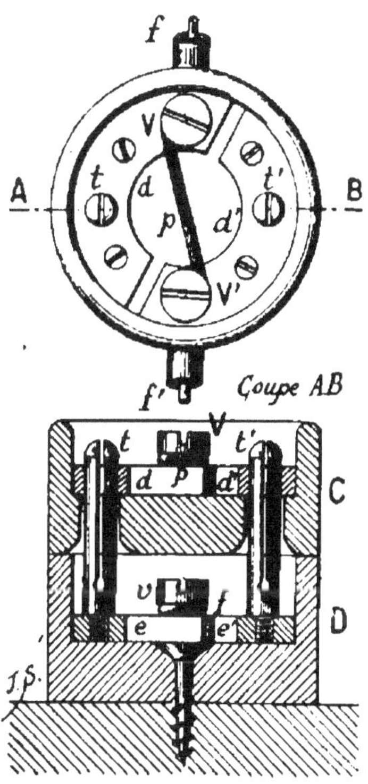

Fig. 41. — Coupe-circuit, système Cance.

dans les trous t et t'. Ces tiges amènent le courant : il suffit donc de placer un cylindre C sur la monture D pour fermer le circuit. Si un fil vient à fondre, on enlève le bouchon correspondant et on le remplace immédiatement par un autre.

V

L'ÉCLAIRAGE ÉLECTRIQUE AU THÉATRE

Éclairage par l'arc voltaïque. — L'éclairage
constitue la partie la plus importante des applications
de l'électricité au théâtre; c'est donc par là que nous
commencerons. On sait que les foyers électriques peuvent être divisés en trois classes : les régulateurs à arc,
les lampes à incandescence et les bougies; ces trois
systèmes sont employés dans les théâtres, mais très
inégalement. Les lampes à incandescence, qui permettent seules de diviser la lumière, conviennent mieux
que les autres; aussi elles sont généralement employées seules à l'éclairage ordinaire de la scène
(rampe, portants, herses), l'arc voltaïque étant seulement en usage pour les effets de scène qui exigent
une grande intensité. Dans la salle, l'incandescence
est encore employée seule dans un grand nombre
de cas; on ajoute, parfois, quelques régulateurs ou
quelques bougies Jablochkoff pour donner plus de

variété. L'installation de l'Eldorado, que nous décrivons plus loin, offre une exception intéressante : l'éclairage entier de la salle et de la scène, y compris la rampe, est fourni par des régulateurs à arc.

L'arc voltaïque se produit lorsque, après avoir relié deux baguettes de charbon aux pôles d'une source électrique de force électromotrice assez grande, on les écarte à une petite distance. Abandonné à lui-même, l'arc ne tarderait pas à s'éteindre, la combustion des charbons augmentant rapidement sa longueur et par suite sa résistance. Les régulateurs ont pour but de rapprocher automatiquement ces charbons et de les maintenir à une distance convenable, suivant l'intensité du courant, ce qui permet d'assurer l'éclairage pendant un temps notable ; certains modèles remédient aussi à l'usure inégale des charbons et maintiennent le point lumineux à une hauteur fixe. Un bon régulateur doit satisfaire aux conditions suivantes : les charbons restent au contact quand le circuit est ouvert, s'écartent à la distance voulue dès que le courant passe, se rapprochent ou s'éloignent suivant les variations d'intensité, et reviennent au contact pour rétablir le courant s'il se trouve par hasard interrompu.

Le régulateur imaginé en 1840 par Foucault, et perfectionné depuis par Duboscq, quoique le plus ancien, est encore celui qu'on emploie dans la plupart des théâtres pour les projections, l'éclairage des personnages et autres effets de scène. Les deux charbons sont fixés à deux crémaillères, qui engrènent en sens inverse avec deux roues dentées montées sur le même axe, mais dont l'une a un nombre de dents double de celui de l'autre. Lorsque les roues tournent dans un sens ou dans l'autre, les deux crémaillères se meuvent en sens contraire et les deux charbons s'éloignent ou se rapprochent en même temps. De plus, le charbon positif, qui s'use le plus vite, est monté sur la crémaillère qui engrène avec la plus grande roue, de sorte qu'il se déplace deux fois plus vite que l'autre. Grâce à cette disposition, le point lumineux reste fixe.

Le système des deux roues est commandé par deux mouvements d'horlogerie, placés dans une boîte cubique (fig. 42), qui tendent à les faire tourner dans les deux sens. A la partie inférieure se trouve un électro-aimant embroché dans le circuit et dont l'armature est fixée à une tige qui, lorsqu'elle est verticale, arrête à la fois les deux mouvements : c'est ce qui a lieu lorsque les charbons sont à la distance voulue. Si, pour une raison quelconque, l'intensité vient à diminuer, l'armature s'écarte de l'électro, et la tige verticale, s'inclinant vers la gauche, désembraye le moulinet de l'un des mouvements, qui fait rapprocher les charbons. En s'inclinant vers la droite, cette même tige laisse libre l'autre mouvement, et les charbons s'écartent. Foucault est parvenu à réaliser l'indépendance de ces deux moteurs et à les faire agir en sens inverse sur les deux roues dentées par l'emploi d'une roue à satellites. Cette lampe permet, en outre, d'éle-

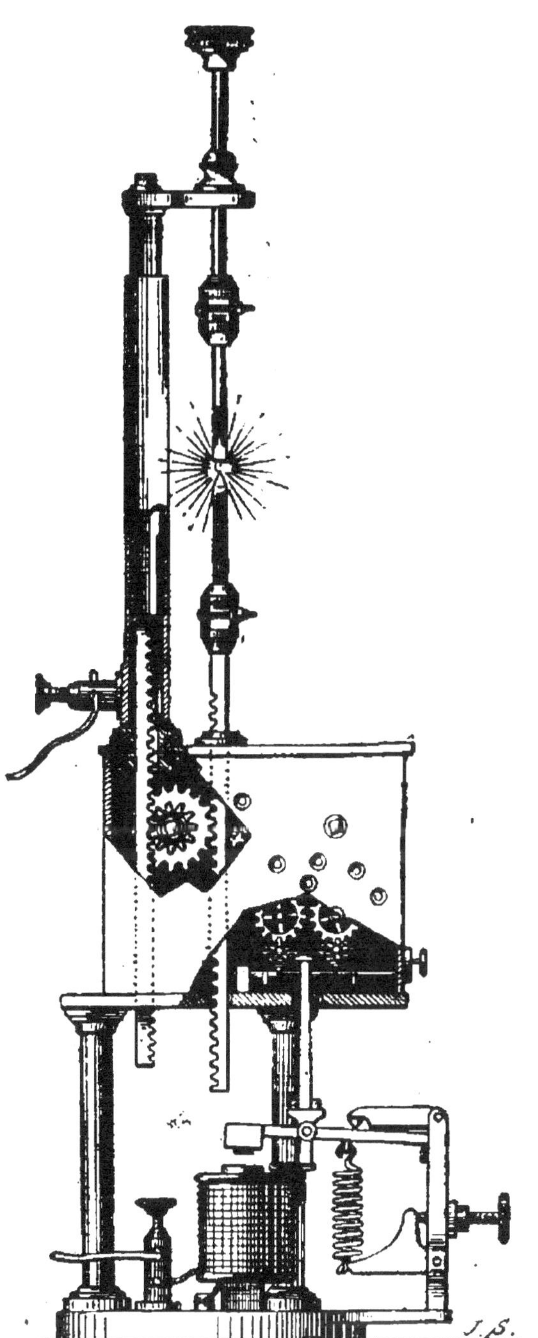

Fig. 42. — Régulateur Foucault-Duboscq.

ver ou d'abaisser le point lumineux pendant la marche, en faisant tourner à la main une des roues dentées du barillet principal.

Le régulateur Foucault est un peu délicat et un peu susceptible de dérangement, de sorte qu'il n'est pas employé en dehors de la production des effets de scène.

La lampe Cance, qui est employée seule à l'Eldorado pour l'éclairage de la salle et même de la scène, utilise la pesanteur pour rapprocher ou écarter les charbons. Le mécanisme est remarquablement simple. L'organe essentiel est une vis V, qui peut tourner autour de son axe, mais sans avancer, et porte deux écrous (*fig.* 43). L'un de ces écrous B est placé vers la partie supérieure; son mouvement est limité vers le bas par un petit plateau fixé sur la vis. L'autre écrou A porte le charbon supérieur ou positif par l'intermédiaire de deux tiges qui traversent la platine. Le charbon inférieur est porté par des tiges reliées aux précédentes par un double palan (*fig.* 44). Une des paires de poulies ayant un diamètre double de celui de l'autre paire, on voit facilement que tout déplacement de l'écrou A et du charbon supérieur produira un déplacement de sens contraire et moitié plus petit ducharbon négatif. Le point lumineux restera donc fixe.

Le déplacement de l'écrou A et des charbons est obtenu par l'action des solénoïdes, embrochés sur le circuit général, qui sont munis de noyaux de fer

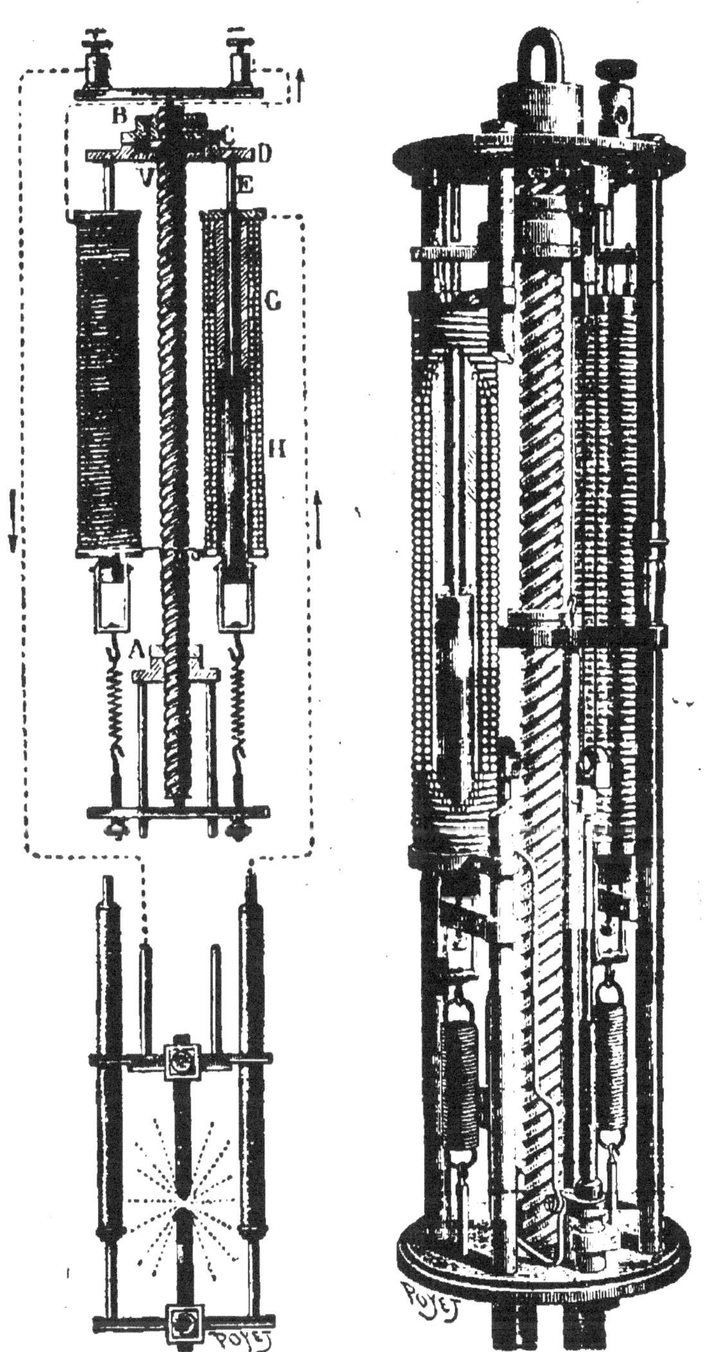

Fig. 43. — Diagramme des communications de la lampe Cance.

Fig. 44. — Détails du mécanisme de la lampe Cance.

doux formés de deux pièces distinctes. La partie supérieure G est un tube de fer doux creux et fixe. La partie inférieure H est un cylindre de fer doux mobile, qu'un ressort tire vers le bas.

Quand le courant ne passe pas, l'écrou A, entraîné par son poids, descend, mais sans tourner, guidé par les tiges. Les charbons arrivent au contact et restent dans cette position; ce mouvement fait tourner la vis V de droite à gauche.

Dès que le courant passe, les cylindres de fer doux H se soulèvent, attirés par les solénoïdes et par les pièces fixes G; ces cylindres soulèvent le plateau D, qui vient à son tour frotter sur la base de l'écrou B et l'entraîne dans son ascension; ce mouvement imprime à la vis une rotation de gauche à droite, qui a pour effet de faire remonter l'écrou A et, par conséquent, de faire écarter l'un de l'autre les deux charbons : l'arc jaillit immédiatement; mais ce mouvement s'arrête bientôt, parce que le plateau D vient frotter contre un petit plateau fixe, qui limite son ascension. Si l'intensité devient trop faible, les cylindres H redescendent, sous l'action des ressorts : la vis V redevient libre, l'écrou A redescend par son poids et les charbons se rapprochent.

Éclairage par les lampes à incandescence. — Ces lampes sont beaucoup plus employées que les précédentes dans l'éclairage des théâtres ; elles permettent de diviser la lumière et, par conséquent, se prêtent beaucoup mieux à l'éclairage de la salle et de la scène.

Les lampes à incandescence se composent d'un filament de charbon placé dans une ampoule où l'on a fait un vide presque absolu, et qu'on porte à une température élevée par le passage d'un courant. Le filament a généralement ses deux extrémités rapprochées

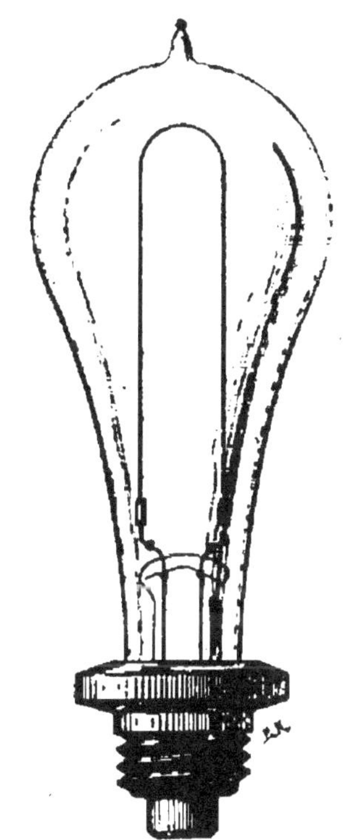

Fig. 45. — Lampe Edison.

et présente une forme courbe, qui est plus avantageuse, au point de vue de l'éclairage, qu'un point ou un trait lumineux très fin, en même temps qu'elle offre plus d'élasticité pour supporter les chocs et les variations de longueur et qu'elle est plus commode pour le montage des lampes.

Dans les lampes Edison (*fig.* 45), le filament a la forme d'un U renversé; il est fixé à l'extrémité d'un tube de verre qu'on aperçoit dans l'intérieur de la lampe et soudé aux extrémités de deux fils métalliques qui traversent le tube; pour assurer le contact, on recouvre d'un dépôt de cuivre les points d'attache du charbon et du métal. Lorsque l'ampoule est vide d'air et fermée, on la scelle à l'aide de plâtre dans un manchon en cuivre fileté extérieurement; la surface latérale de ce manchon communique avec l'une des extrémités du filament, dont l'autre bout est fixé à une rondelle de même métal, scellée au milieu du plâtre, et qui fait saillie à la partie inférieure. Les supports destinés à soutenir ces lampes se terminent par une douille en bois, dont la cavité intérieure porte une monture en cuivre filetée et au fond une plaque de même métal; ces deux pièces sont reliées aux deux conducteurs, et il suffit de visser la lampe sur la douille pour établir les communications.

Éclairage par les bougies électriques. — La bougie électrique est une sorte de régulateur produisant un petit arc voltaïque sans exiger aucun mécanisme; les charbons sont placés parallèlement au lieu d'être sur le prolongement l'un de l'autre, de sorte que leur usure n'augmente pas la longueur de l'arc. Mais le point lumineux s'abaisse à mesure qu'ils se consument, comme dans une bougie; de là le nom de ces appareils.

Les bougies Jablochkoff sont formées (*fig.* 46) de

deux baguettes de charbon parallèles, séparées par une couche de matière isolante, qui est maintenant du *colombin*, mélange de plâtre et de sulfate de baryte, et reliées à la partie supérieure par un morceau de pâte de charbon conductrice, qui est brûlée et remplacée par un petit arc voltaïque dès qu'on fait passer le courant. On alimente les bougies électriques à l'aide de machines dynamos à courants alternatifs, afin d'éviter l'usure inégale des deux charbons, qui augmenterait outre mesure la longueur de l'arc.

Le colombin sert à maintenir l'arc à la partie supérieure du charbon; en outre, il fond peu à peu et augmente ainsi l'intensité lumineuse par suite de la haute température à laquelle il est porté; enfin, si l'arc vient à s'éteindre, il reste rouge pendant quelques instants et permet le rallumage automatique, si le courant reprend au bout d'un temps inférieur à deux secondes environ.

Chaque bougie ne durant qu'une heure et demie, on en dispose un nombre suffisant dans un globe dépoli qui cache le mécanisme (*fig.* 47); lorsque l'une des bougies est consumée, un dispositif spécial fait passer automatiquement le

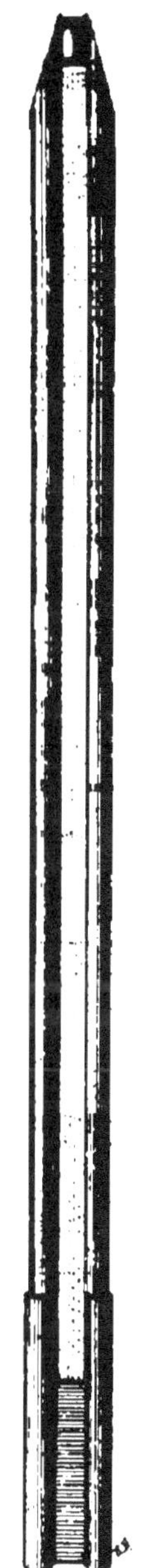

Fig. 46.
Bougie
Jablochkoff.

courant dans une autre. Ces appareils produisent souvent de brusques variations d'intensité et donnent

Fig. 47. — Globe de bougie Jablochkoff.

un bruit désagréable, dû à l'emploi des courants alternatifs; aussi s'en sert-on fort peu dans les théâtres.

VI

ÉCLAIRAGE DE LA SALLE ET DE LA SCÈNE

Éclairage de la salle. — Les appareils qui servent à cet usage n'exigent guère de dispositions spéciales; ils sont exposés à la vue du public et, par conséquent, bien faciles à examiner; ils ne méritent donc pas de nous arrêter longtemps. Le lustre constitue la partie la plus importante de cette installation. Les anciens lustres à gaz, suspendus par une longue tige de fer à une certaine distance au-dessous du plafond, avaient l'inconvénient de cacher aux spectateurs des galeries élevées la plus grande partie de la scène, tout en leur envoyant une lumière très vive et extrêmement gênante accompagnée d'une chaleur intolérable. Ces défauts ont été supprimés dans la construction des nouveaux lustres électriques, comme le montre la figure 48, qui représente, d'après une photographie, le lustre du théâtre de la Porte-Saint-Martin. Beaucoup de théâtres de Paris et de province ont adopté des modèles semblables. La tige de fer est supprimée et le lustre, beau-

Fig. 48. — Lustre électrique du théâtre de la Porte-Saint-Martin.

coup plus voisin de la coupole, ne gêne plus la vue; il est formé de lampes à incandescence composant un heureux assemblage d'élégants pendentifs; ces groupes sont surmontés de réflecteurs, dont la courbe a été soigneusement étudiée pour répartir également la lumière depuis le haut de la salle jusqu'au balcon et aux fauteuils d'orchestre.

Lorsque la salle est grande et que le lustre ne suffit pas à l'éclairer, on peut lui adjoindre des girandoles munies de lampes à incandescence, ou bien des lampes à arc ou des bougies Jablochkoff, placées isolément. Les girandoles n'offrent rien de remarquable; elles sont constituées souvent par d'anciens candélabres à gaz, sur lesquels on a fixé des lampes à incandescence. Les régulateurs à arc et les bougies doivent être installés en des points facilement accessibles, afin qu'on puisse renouveler les charbons.

Dans un certain nombre de théâtres, une partie des lampes de la salle et des couloirs est alimentée par un circuit spécial, par exemple au moyen d'accumulateurs, de sorte qu'elles sont indépendantes de la distribution générale et restent allumées si un accident vient à se produire dans celle-ci; c'est là une excellente précaution.

Rampe. — La rampe est toujours considérée dans les théâtres comme faisant partie de la salle, sans doute parce qu'elle est en avant du rideau; les commutateurs et autres appareils qui la commandent seront donc placés d'ordinaire avec ceux qui gouvernent l'éclairage de la salle. On sait que la rampe éclaire surtout la partie inférieure de la scène et les acteurs qui s'y meuvent; on sait aussi qu'elle était constituée, à l'origine, par une rangée de chandelles fumeuses. Le gaz, qui avait remplacé ce système primitif, a cédé à son tour la place à l'électricité.

Une rampe électrique se compose d'une série de lampes à incandescence ou, très rarement, de bougies

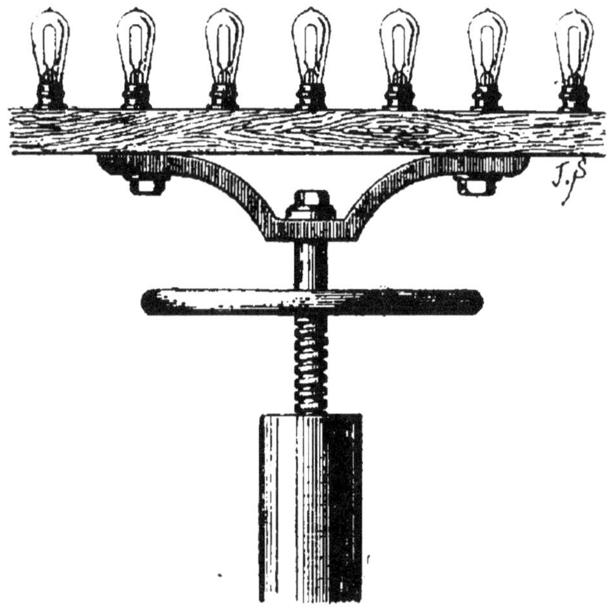

Fig 49. — Rampe de la Comédie-Française.

Jablochkoff (Châtelet et Opéra-Comique), placées de chaque côté du trou du souffleur; un réflecteur de forme convenable renvoie une partie de la lumière vers le haut. On peut obtenir les variations d'intensité lumineuse en modifiant l'intensité du courant et les changements de couleur, soit en interposant des verres colorés, soit en se servant de lampes ayant des ampoules de diverses couleurs. La figure 49 montre la rampe installée en 1889 à la Comédie-Française : elle se compose de deux parties, situées de part et d'autre du trou du souffleur : chaque moitié est commandée par une vis à mouvement très doux, manœuvrée par un volant et supportée par une colonne en fonte. Cette disposition permet de faire disparaître la rampe sous le plancher lorsque c'est nécessaire. Les lampes sont alternativement blanches et colorées, ordinairement en bleu, ce qui exige deux circuits distincts; les premières servent à imiter la lumière du jour, les autres à figurer la nuit. Lorsque la mise en scène l'exige, on enlève les lampes bleues et on les remplace par des lampes rouges ou de toute autre couleur. Cette disposition très simple est souvent employée.

La rampe du Gymnase offre trois effets de coloration : blanc, bleu et rouge. Les lampes étant toutes blanches, les deux derniers effets s'obtiennent en interposant des verres cylindriques de couleur (*fig.* 50). Les deux verres, bleu et rouge, sont concentriques pour chaque lampe; celui qui est à l'extérieur repose sur un porte-verre droit A, l'autre sur un porte-verre coudé A'. Chaque série est montée sur un battant B B', parallèle à la rampe, qui monte ou descend dans des glissières G G', sous l'action d'un treuil placé près du trou du souffleur; un réflecteur R est placé derrière les lampes.

La rampe de l'Eldorado est formée uniquement de foyers à arc, au nombre de six; malgré le grand éclat de ces lampes, on est parvenu à obtenir un éclairage aussi uniforme et aussi diffus que l'exige cette application particulière. Les charbons *f* de chaque lampe (*fig.* 51), qui sont placés au-dessus du mécanisme R,

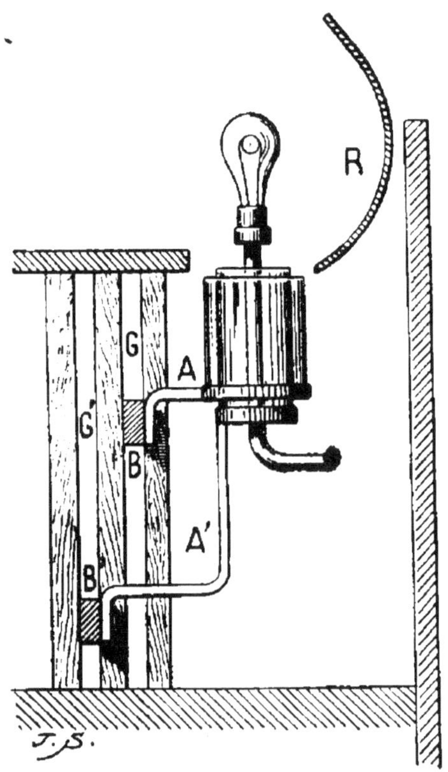

Fig. 50. — Coupe de la rampe du Gymnase.

sont disposés dans une cavité A qui suit toute la longueur de la scène et dont les trois faces sont peintes intérieurement en blanc mat; du côté de la salle est disposé un réflecteur courbe *r*; du côté opposé, une série de verres courbes *v*, *v'*, dépolis ou opales, achèvent de clore cette cavité. La lumière, diffusée vers le plafond par les parois peintes en blanc, est renvoyée vers la scène par le réflecteur et se trouve encore diffusée par les verres dépolis.

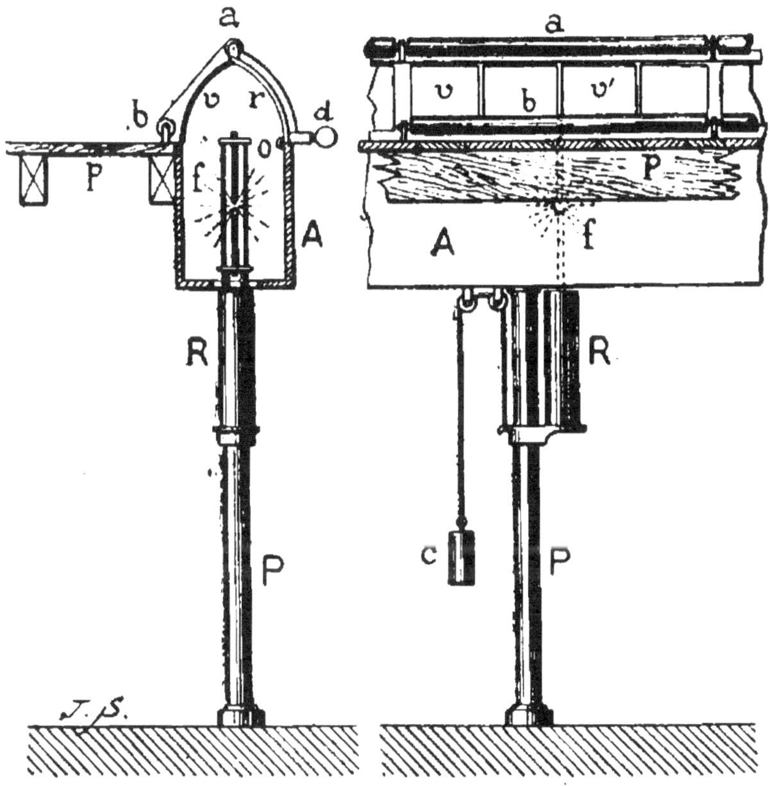

Fig. 51. — Coupe et élévation de la rampe de l'Eldorado.

Les effets de coloration ou d'obscurité croissante sont produits par des rideaux mobiles *b*, qui sont maintenus par des rouleaux, placés l'un sur le plancher de la scène, l'autre au-dessus des réflecteurs. A cause de la forme curviligne de la rampe, cet appareil est divisé en petits rouleaux de 20 à 30 centimètres de longueur, qui se commandent par des engrenages. En imprimant un mouvement de rotation à l'une des extrémités, le rideau, composé d'étoffes d'épaisseurs différentes, s'enroule sur l'un des petits rouleaux, suivant le sens de la rotation, et l'on passe plus ou moins vite, selon la rapidité du mouvement, au mode d'éclairage qu'on désire.

L'obscurité complète s'obtient en éteignant les lampes et les remplaçant par des résistances équivalentes; le même dispositif a été appliqué aux portants.

Chaque lampe, équilibrée par un contrepoids c, est mobile le long d'un pied P, ce qui permet de l'abaisser, même pendant la représentation, pour réparer un accident.

Éclairage de la scène. Herse. — La rampe éclaire une partie de la scène; on nomme *herses* et *portants* les appareils chargés de compléter cet éclairage. Les herses sont des lignes horizontales de foyers, placées dans le cintre, parallèlement à la rampe, et qui servent à éclairer les ciels et les parties de la scène les plus éloignées du public. Les herses à gaz constituaient un des dangers d'incendie les plus sérieux, à cause de la proximité des décors suspendus dans les cintres; c'est donc là surtout qu'il y a lieu d'employer l'électricité. Le nombre des herses varie avec la profondeur de la scène; dans les théâtres de grandeur moyenne, il y en a souvent au moins six. Leur longueur est généralement de 12 à 14 mètres (Théâtre-Français) et atteint 24 mètres à l'Opéra; elle va en augmentant depuis la rampe jusqu'au fond de la scène.

Les herses électriques ordinaires sont formées d'une rangée de lampes à incandescence, inclinées vers le fond et surmontées d'un réflecteur dont la courbure est calculée pour répartir également la lumière depuis le cintre jusqu'au plancher de la scène. Un grillage, placé en avant des lampes, préserve les décors de leur contact. L'appareil tout entier peut monter ou descendre; il est suspendu à des cordes passant sur des poulies et munies de contrepoids.

Les herses du grand théâtre de la Scala, à Milan, sont encore plus simples : elles sont formées de longues planches en bois, sur le côté desquelles on fixe les lampes à des intervalles réguliers; la partie qui porte ces lampes est peinte en blanc pour servir de réflecteur.

Certains théâtres ont des herses disposées pour produire, comme la rampe et les portants, divers effets de coloration. Les figures 52 et 53 montrent en perspective, en plan et en coupe, la herse du Gymnase, installée par M. Clémançon. Cette herse n'a plus de grillage en avant, mais elle porte encore en arrière un réflecteur de forme convenable; elle est enveloppée de glissières courbes G, distantes d'environ 1 mètre, dans lesquelles se meut un panneau P, formé d'un grillage à larges mailles emprisonné dans l'intérieur d'une feuille de gélatine colorée. Ce panneau est supporté par des bras L, solidaires d'un axe horizontal fixé derrière le réflecteur R. Cet arbre reçoit le mouvement d'un engrenage conique a′, dont la seconde roue est solidaire d'une autre roue, qui engrène elle-même

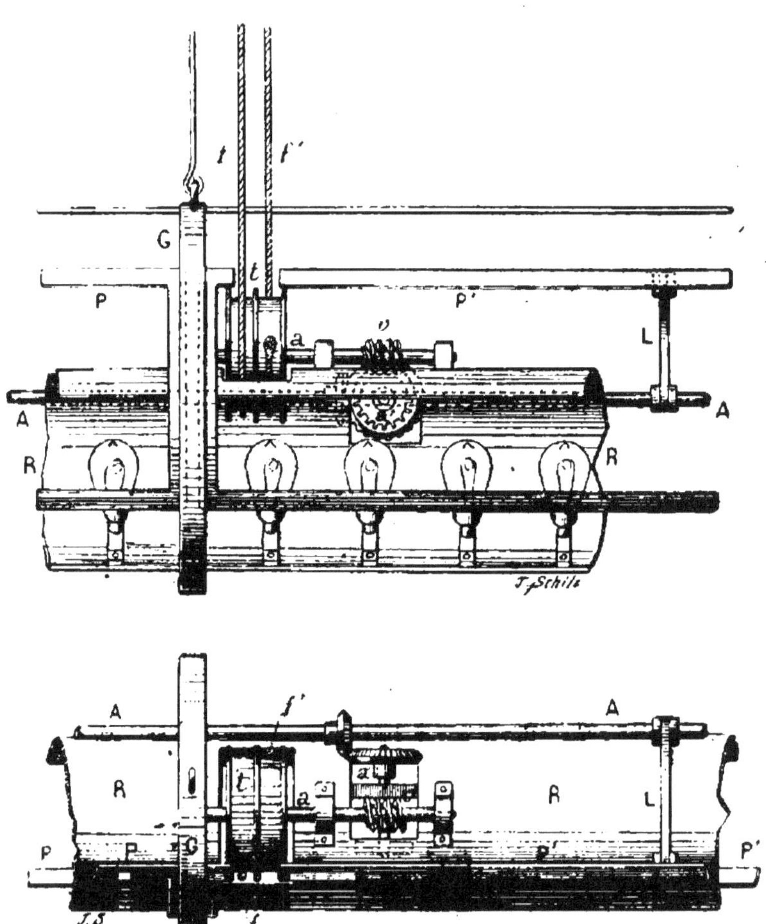

Fig. 52. — Herse du Gymnase.

avec une vis sans fin v, calée sur l'axe a d'un tambour t. Ce tambour est lui-même divisé en deux parties sur lesquelles s'enroulent deux cordes ou *fils ff′*, qui s'élèvent jusqu'au *gril*, passent sur des poulies et redescendent dans une *cheminée*, où elles sont tendues par un contrepoids (*fig.* 53). Suivant qu'on tire l'un ou l'autre des brins situés dans la cheminée, le panneau descend

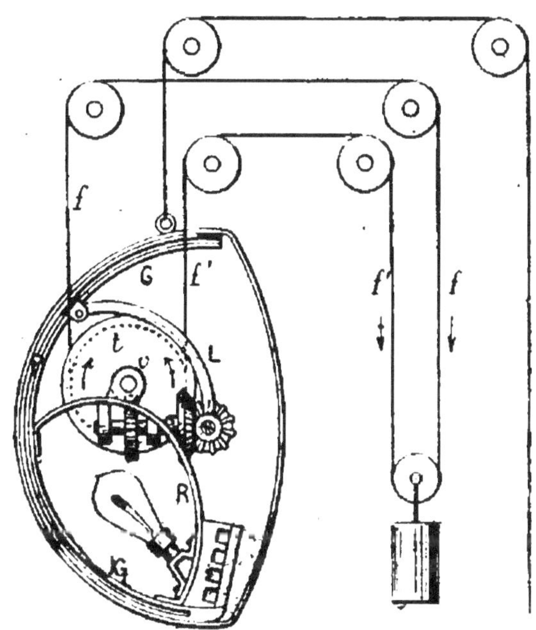

Fig. 53. — Coupe de la herse du Gymnase.

devant les lampes ou remonte en dehors de leur champ d'éclairement. Ce panneau est représenté en arrière de la figure au milieu de son mouvement. On peut même avoir deux panneaux de couleur différente ; mais le mécanisme devient encore plus compliqué. Cette disposition n'a été installée que dans un petit nombre de théâtres et, dans la plupart d'entre eux, on a renoncé à s'en servir.

Portants. — On donne ce nom à de grands châssis rectangulaires en bois, très solides, sur lesquels on fixe les parties de décors destinées à limiter la scène sur les côtés latéraux. Ces cadres traversent des fentes appelées *costières*, pratiquées dans le plancher de la scène, et sont montés sur des chariots mobiles sur rails et placés dans le premier dessous. Afin de permettre les changements rapides, il y a toujours, de chaque côté et à chaque plan, au moins deux portants, mobiles dans des costières voisines et pouvant se remplacer l'un l'autre. Après avoir fixé le décor sur un portant, on le pousse en avant jusqu'à ce que la scène présente la largeur voulue.

Ce système est souvent remplacé aujourd'hui par la disposition suivante, qui a l'avantage d'occuper moins de place sur la scène, et qui est adoptée dans la plupart des théâtres de Paris. Le chariot seul est conservé, mais le cadre vertical est supprimé; on le remplace par des pièces de bois plates, terminées à la partie inférieure par une queue plus étroite, et qu'on nomme des *mâts*. Ces mâts portent un certain nombre de saillies placées alternativement de chaque côté; on les fixe verticalement sur les chariots, en nombre convenable, en introduisant la queue dans une costière. Les décors, qui sont fixés comme des tableaux sur un châssis rectangulaire en bois, sont appliqués contre chaque mât, et on les attache au moyen d'une corde, nommée *guinde*, qui part de la partie supérieure du châssis et qu'on attache au bas du mât, après l'avoir enroulée rapidement autour des saillies placées de chaque côté.

On désigne encore sous le nom de portants des lignes verticales de foyers lumineux, qu'on accroche généralement derrière chacun des cadres de bois, afin d'éclairer les parties latérales de la scène. Ces foyers étaient autrefois des becs de gaz qu'on reliait par des tubes de caoutchouc à des robinets situés sous la scène. Ce système présentait de nombreux dangers que nous avons exposés plus haut. Dans les théâtres éclairés à l'électricité, les portants offrent une disposition à peu près invariable. Ils sont formés d'un battant en bois assez léger, malgré sa hauteur, pour qu'un homme puisse le transporter, et qu'on peut suspendre au moyen d'un crochet. Ce battant porte une rangée verticale, plus ou moins nombreuse, de lampes à incandescence, protégées contre les chocs par un grillage demi-cylindrique

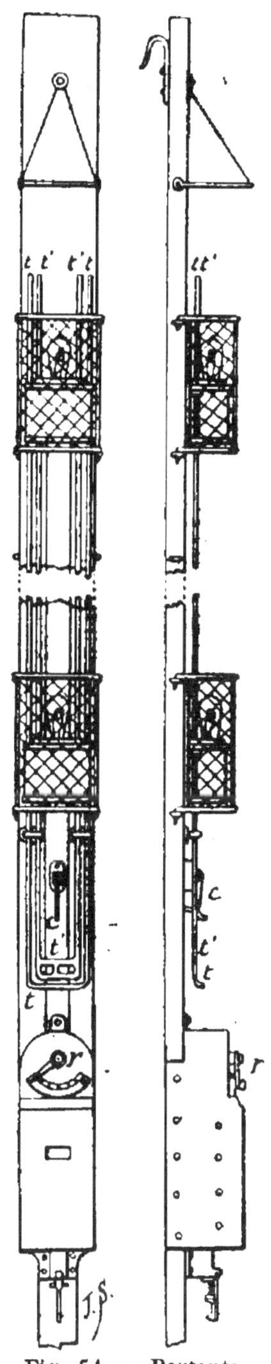

Fig. 54. — Portants
avec lampes électriques.

(*fig.* 54), et se termine souvent à la partie supérieure
par une visière de protection. Pour obtenir des effets
de lumière variés, on se sert ordinairement d'étuis
demi-cylindriques en verre ou en gélatine colorés,
qu'on peut à volonté placer devant les lampes. Si l'on
veut avoir plusieurs teintes, par exemple le bleu et le
rouge, les étuis de diverses couleurs sont placés con-
centriquement au-dessous de chaque lampe. Tous les
cylindres de même teinte sont montés sur deux trin-
gles parallèles, se mouvant dans des glissières et se
réunissant à la partie inférieure pour former une
poignée *t*. Il y a autant de poignées que de couleurs.
En soulevant l'une de ces poignées, on amène tous
les écrans de même teinte devant les lampes et un
crochet les maintient dans cette position. Certains
modèles de portants ont, en outre, un rhéostat *r* permettant de graduer l'intensité lumineuse; à la partie
inférieure se voit le raccord qui sert à établir la prise
de courant.

Traînées et réflecteurs. — On appelle *traînée* une
série horizontale de sources lumineuses disposée sur
la scène pour éclairer le bas d'un décor. Avec le gaz,
on se servait d'une rangée de becs disposés sur une
planchette; l'électricité permet d'employer à cet usage
les portants déjà décrits.

On nomme *réflecteur* un appareil portant un petit
nombre de sources et qui sert pour éclairer vivement
une petite partie de décor, par exemple les carreaux
d'une fenêtre ou le paysage qu'on doit voir à travers

une fenêtre ouverte. Sur une planchette verticale, semblable à celle qui forme les portants, mais beaucoup plus courte, est fixé un réflecteur en fer blanc devant lequel sont disposées horizontalement quelques lampes à incandescence. La planchette se suspend, comme un portant, au moyen de deux crochets placés à ses deux extrémités.

Prise de courant. — Les appareils mobiles, portants, traînées et réflecteurs, reçoivent l'électricité de bornes fixes placées dans le premier dessous, par l'intermédiaire de câbles ou prises de courant, qui passent à travers les *costières* servant à la manœuvre. Ces prises de courant doivent être très solides, car elles ont à supporter les tractions et les chocs produits par les manœuvres, les sabots des chevaux, les chariots des machinistes, etc.; elles doivent permettre un montage et un démontage rapides et être établies de façon à éviter la possibilité d'un court circuit. Lorsque, par suite du déplacement d'un portant, une prise de courant n'est plus assez longue, on en met plusieurs bout à bout.

Pour réaliser les conditions multiples que nous venons d'énumérer, la Société Edison a employé à l'Opéra un dispositif dont la figure 55 montre deux coupes rectangulaires.

Le double câble qui amène le courant, entouré d'une enveloppante isolante douée d'une grande résistance mécanique, se termine à l'intérieur du manchon, où il se dédouble, et ses deux fils vont aboutir aux

deux branches A, terminées en forme de fourche.
Pour établir le contact, cette pièce s'introduit dans
une autre, plus large, qui reçoit les deux fils de la
lampe, dont les extrémités sont serrées entre les
écrous E et F. D'un mouvement brusque, on fait péné-

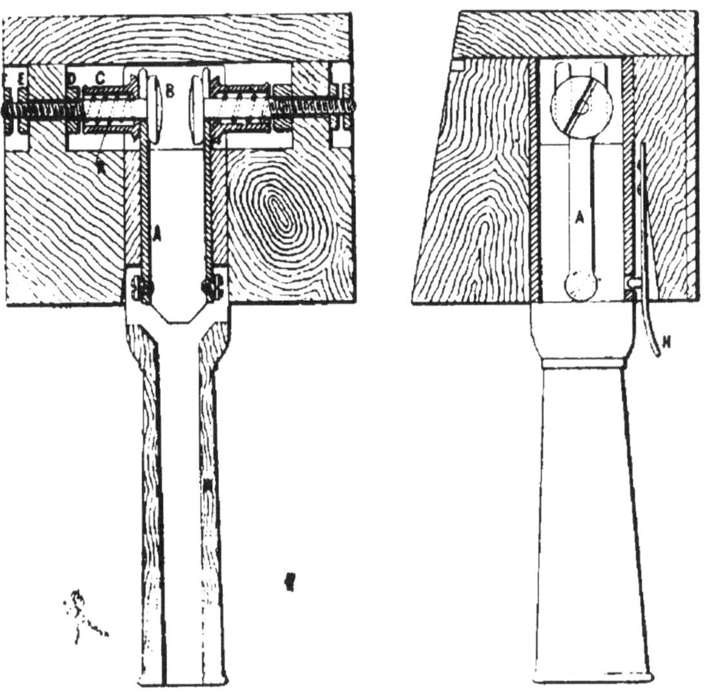

Fig. 55. — Prise de courant, modèle installé à l'Opéra.

trer chaque fourche entre le boulon B et sa contre-
butée C; cette dernière pièce est creuse et renferme
un ressort à boudin R, qui l'appuie énergiquement
contre l'oreillon de la fourche, pour déterminer un
bon contact. Une lame de ressort à téton H maintient

les deux pièces assemblées; pour les séparer, il faut écarter cette lame.

Dans les théâtres de Paris installés par la maison Clémançon, on se sert d'un autre dispositif, formé également de deux pièces qui entrent l'une dans l'autre. Le raccord mâle, qui termine la prise de courant ou garniture, est formé d'une enveloppe métallique B (*fig.* 56), renfermant deux tubes concentriques b et c, soigneusement isolés et communiquant avec les deux fils f et f', qui amènent le courant. Le raccord femelle, placé sur le portant, se compose d'une boîte A en forme d'U, qui contient une tige t et un tube d, isolés l'un de l'autre et reliés aux deux bornes des lampes. Pour brancher la garniture, il suffit de pousser la première pièce dans la seconde et d'abattre le levier à verrou v, placé sur le raccord femelle, et qui porte à sa base une sorte de fourchette x, qu'on voit en élévation verticale sur la figure; le contact s'établit entre les pièces b et d, c et t, et le tout est solidement maintenu par la fourchette du levier à verrou qui vient s'appuyer contre l'épaulement e. Pour rompre le contact, il faut tirer d'abord vers la droite l'extrémité du verrou v; on dégage ainsi une pièce qui permet de faire basculer le verrou, et l'on peut sans difficulté séparer les deux raccords.

A la Scala de Milan, le raccord mâle est formé par deux cylindres de diamètres différents placés à la suite l'un de l'autre, le plus étroit au bout, de sorte que leurs axes soient sur une même droite. Ces deux

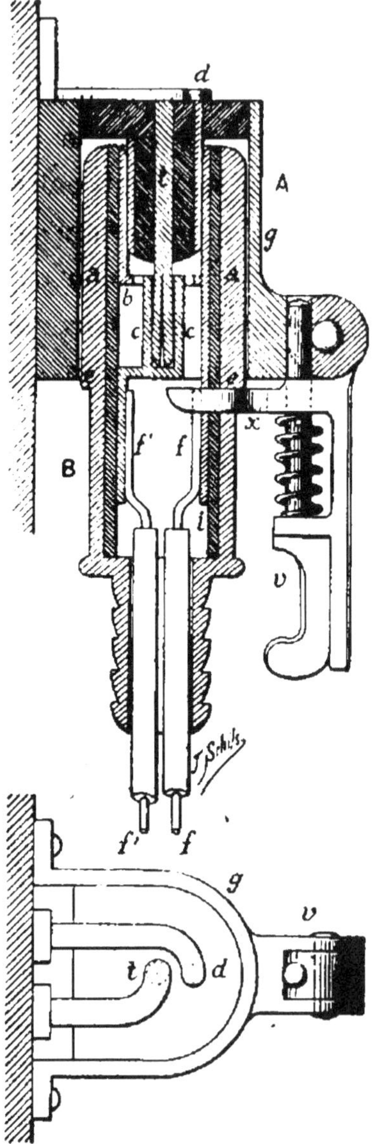

Fig. 56. — Prise de courant système Clémançon.

cylindres, isolés l'un de l'autre, communiquent avec les deux fils. Le raccord femelle est constitué par

deux cylindres creux, s'adaptant exactement sur les
premiers; ces deux pièces sont également isolées et
en rapport avec les deux fils. Pour établir le contact,
il suffit d'enfoncer le premier appareil dans le second
et de serrer un collier à vis, qui les empêche de se
séparer.

VII

EXEMPLES DIVERS D'INSTALLATIONS ÉLECTRIQUES DANS LES THÉATRES.

Concert de l'Eldorado. — Cette installation, qui fut une des premières exécutées à Paris (1885), présente des dispositions très originales et mérite d'être décrite, car l'éclairage des diverses parties de l'établissement est entièrement réalisé au moyen de lampes à arc, même celui de la rampe.

La vapeur est produite par un seul générateur tubulaire, à foyer extérieur, du système Collet, placé au rez-de-chaussée; elle est conduite par une tuyauterie soigneusement isolée à une machine Orly et Granddemange, d'une force nominale de 40 chevaux, placée dans le sous-sol (*fig.* 57); le volant-poulie de cette machine commande une transmission intermédiaire, dont les poulies sont partagées en deux groupes, l'un de six, l'autre de deux, pour actionner, dans des salles différentes, deux séries de machines Gramme,

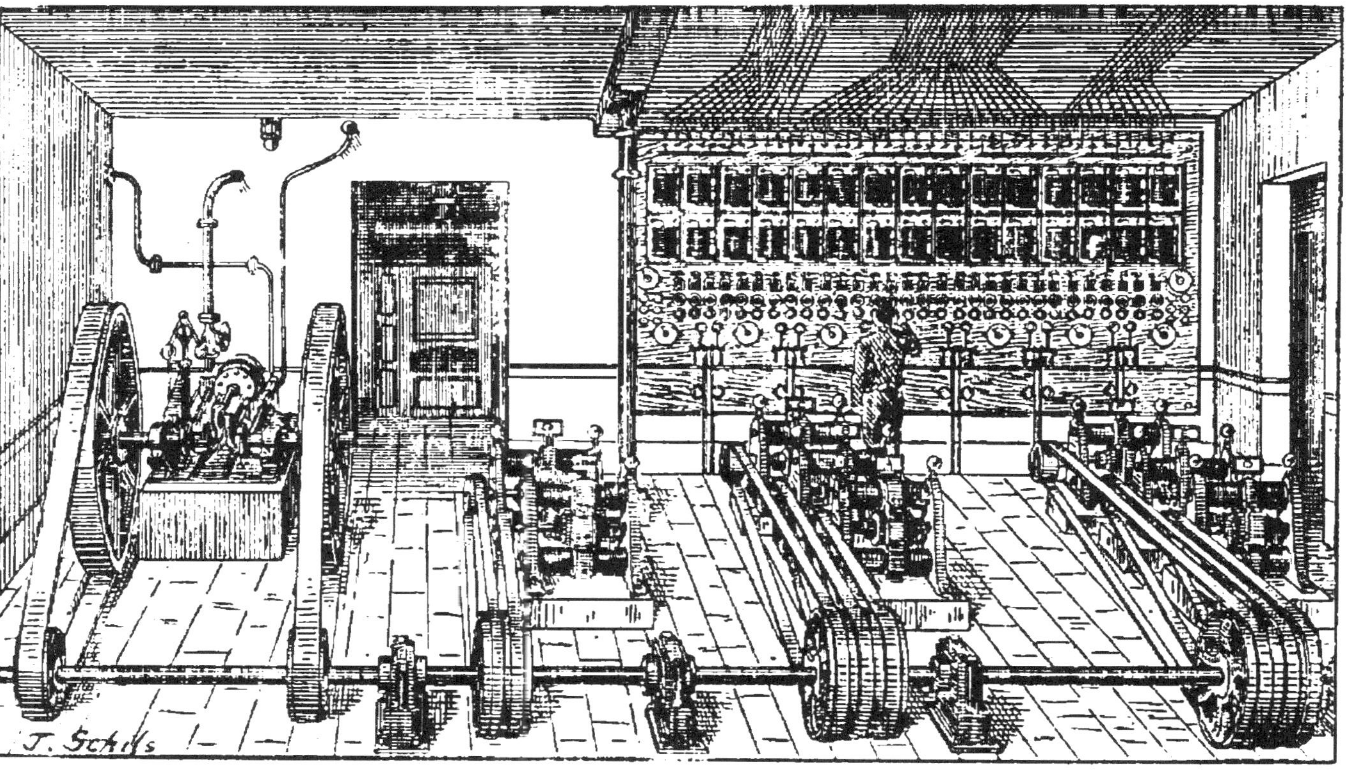

Fig. 57. — Installation électrique de l'Eldorado.

de construction Ducommun, montées sans débrayage.

Comme il était nécessaire d'obtenir une série d'allumages successifs pour le café, le contrôle, la salle et la scène, on a préféré employer une série de huit dynamos Gramme, type d'atelier, dont une sert de réserve, et qui alimentent chacune cinq foyers à arc. Un commutateur spécial permet, en cas d'accident, de substituer instantanément et en marche la machine de réserve à une quelconque des autres.

Comme il est impossible de changer les charbons ou de faire une réparation quelconque à l'une des lampes pendant la représentation, on a établi pour chaque lampe un circuit distinct, de sorte que le surveillant, placé dans la salle des machines, peut éteindre immédiatement le foyer auquel est survenu un accident. Chacun de ces circuits renferme un plomb fusible, un indicateur de marche, qui permet de constater le passage du courant et même de mesurer pratiquement l'intensité, et un rhéostat, qu'on peut manœuvrer pendant la marche pour régler le fonctionnement des lampes. Tous ces appareils sont groupés sur deux tableaux dont l'un se voit au fond de la salle des machines.

Les lampes sont au nombre de 35, ainsi réparties : 10 pour le café, 13 pour la salle, 6 pour la scène et 6 pour la rampe. Tous ces foyers, sauf ceux de la rampe, sont suspendus au plafond, et peuvent être descendus pour le nettoyage et le remplacement des charbons. Dans la salle, on n'a pas autorisé l'emploi

des conducteurs comme fils de suspension; il a donc
fallu ajouter un câble en fil de fer qui s'enroule sur
un treuil placé au-dessus de la coupole; les fils reçoivent le courant par des frotteurs glissant sur deux
disques de cuivre calés sur l'axe du treuil.

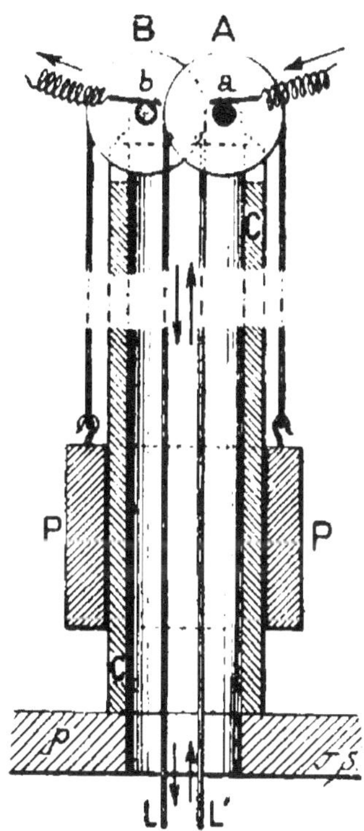

Fig. 58. — Suspension des lampes dans le café de l'Eldorado.

Dans le café, qui est surmonté d'une salle très
élevée, on a supprimé le treuil et le câble de fer;
les fils conducteurs servent pour la suspension. Ces
fils L L' (*fig.* 58), en cuivre nu, sont fixés d'une

part aux bornes de la lampe, de l'autre à un contre-poids auxiliaire P, placé en dehors du cylindre de bois renfermant les fils. Le courant est amené par les deux galets en cuivre a b.

Théâtre de l'Opéra. — A la suite de l'Exposition d'électricité de 1881, on entreprit à l'Opéra une série d'études comparatives sur divers systèmes d'éclairage électrique, à la suite desquels on décida, en 1883, sur l'avis de M. Ch. Garnier, architecte de l'Opéra, d'adopter le système Edison, et l'on procéda à une première installation, comprenant les lustres du grand foyer, du grand escalier et de la salle, et destinée sur-tout, comme nous l'avons dit plus haut, à soustraire à l'action du gaz les magnifiques plafonds du foyer.

Cette installation comprenait 1700 lampes, réparties de la manière suivante :

Façade-péristyle. . .	10 foyers voltaïques Jablochkoff.	
Façade-loggia. . . .	8 arcs Pieper.	
Grand foyer.	524 lampes à incandescence Edison.	
Avant-foyer.	90	— —
Grand escalier. . .	358	— —
Girandoles.	90	— —
Lustre.	510	— —
Rampe.	120	— —

En juillet 1886, le Ministre des Beaux-Arts se décida à remplacer complètement le gaz par l'électricité et l'on adopta la distribution suivante, l'intensité lumi-neuse des lampes devant être d'un quart supérieure à celle du gaz.

	Becs de gaz	Nombre des lampes	
		10 bougies	16 bougies
Administration. . . .	1269	1165	40
Scène.	1897	1568	320
Salle et pavillons. . .	2254	1212	306
Foyer et grand escalier.	1967	1010	642
Caves.	68	68	
Total. . .	7455	5023	1308

Le matériel électrique et mécanique nécessaire pour actionner ces lampes se compose de :

Chaudières à vapeur.

3 générateurs Belleville de 2450 kg de vapeur.
2 — 1250 —

Machines à vapeur.

1 machine à vapeur Corliss de 250 chevaux-vapeur à condensation, tournant à 60 tours.
1 machine Armington, de 100 chevaux, à échappement libre, tournant à 300 tours.
4 machines compound Weyher et Richemond, à condensation, de 140 chevaux, tournant à 160 tours.
2 machines Weyher et Richemond de 20 chevaux pour actionner les condenseurs.
1 machine Weyher et Richemond de 40 chevaux, à échappement libre, tournant à 85 tours et destinée au service de jour.

Machines dynamo-électriques.

5 dynamos en dérivation Edison de 375 ampères.
4 — — 800 —
3 — — 300 —
1 — — 40 — (transmission de force, pompe centrifuge).

1 dynamo à courants alternatifs Gramme (24 foyers Jablochkoff.)

Soit en tout 5 chaudières, 9 machines à vapeur et 14 dynamos, qui représentent, en faisant seulement marcher les dynamos à leur force nominale, une puissance électrique de 538 000 watts en courants continus à 120 volts de potentiel, et de 10 000 watts en courants alternatifs à 200 volts.

Depuis cette époque, on a ajouté deux batteries d'accumulateurs, comprenant l'une 120 éléments de 60 kg. pour le service des veilleuses, l'autre 60 éléments du même poids pour le service des lampes de secours; ces accumulateurs sont chargés d'assurer une partie de l'éclairage de la salle et des couloirs, indépendamment de l'installation générale, pour remédier aux accidents.

Comme il était impossible de prévoir, au moment de la construction de l'édifice, qu'on serait un jour obligé de placer dans les sous-sols un matériel aussi considérable, on conçoit facilement que cette installation ait présenté de sérieuses difficultés. Ainsi, les chaudières ont dû être disposées près de la rotonde des abonnés, dans un emplacement très restreint, mesurant 15 mètres de longueur sur 6 de largeur et 5,50 m. de hauteur. La cheminée, dont la forme disgracieuse risquait fort de nuire à l'aspect du monument, a pu heureusement être placée dans une petite cour, où elle est complètement dissimulée; elle a 1,30 m. de diamètre et 39 mètres de hauteur.

Les machines n'ont pas pu trouver place auprès des générateurs; il a fallu les installer à une distance d'environ 60 mètres, sous le grand vestibule d'entrée et sous l'avant-foyer. Il a donc fallu les relier aux chaudières par une canalisation de vapeur double, afin d'empêcher toute interruption dans le service provenant de la rupture d'un joint. De chaque extrémité de la batterie des générateurs Belleville part une conduite de vapeur desservant les différents moteurs et venant se rejoindre au centre, de façon à former une véritable boucle se fermant sur les chaudières. On peut ainsi envoyer la vapeur soit par les deux conduites à la fois, soit seulement par l'une d'elles, s'il vient à se produire une avarie sur l'une des deux branches.

Les trois grands générateurs suffisent à assurer le service pendant les représentations; un des deux petits est maintenu en pression comme secours.

La Compagnie des Eaux ne pouvant fournir une quantité d'eau suffisante pour assurer la condensation des machines, on a foré, pour cet usage, un puits spécial qui descend à une profondeur de 39 mètres, jusque dans les calcaires grossiers supérieurs. Ce puits est isolé, par des tubes concentriques, des nappes d'infiltration très abondantes provenant de l'ancien ruisseau de la Grange-Batelière; cette précaution a paru nécessaire pour éviter de créer, dans les sables des alluvions de la Seine, des mouvements capables de compromettre la solidité des fondations. Pour utiliser toute la hauteur d'aspiration disponible, on a placé dans le puits, au niveau de l'eau, une pompe centrifuge Neut, commandée par la dynamo

Edison de 40 ampères. Ce puits donne environ 60 m. c. à l'heure.

La machine Corliss, qui fut installée la première, en 1884, est du type horizontal à condensation et à deux cylindres jumelés. Elle actionne, au moyen d'une transmission tournant à 200 tours, 5 dynamos Edison de 500 lampes, ainsi que la machine Gramme à courants alternatifs pour 24 foyers Jablochkoff.

Lorsqu'on voulut supprimer complètement le gaz d'éclairage, il ne restait plus qu'un espace très réduit pour recevoir les nouvelles machines nécessitées par l'accroissement du nombre des lampes. Pour remédier à cet inconvénient, M. Vernes, ingénieur en chef de la Compagnie continentale Edison, proposa d'employer des machines verticales compound avec condenseurs séparés, commandant sans transmission de grandes dynamos Edison de 1000 lampes, A 16 (v. *fig.* 21). La préférence fut donnée aux moteurs Weyher et Richemond, décrits plus haut (*fig.* 27).

Chacun de ces moteurs de 140 chevaux, au nombre de quatre, forme avec la dynamo correspondante, de 800 ampères, un groupe absolument indépendant. On a donc quatre groupes de 1000 lampes, qu'on peut faire marcher isolément ou simultanément, suivant les besoins du service. La figure 59 montre l'intérieur de la grande salle des dynamos, placée sous le grand vestibule d'entrée. On voit en avant les cinq machines de 375 ampères, qui formaient la première installation, et, derrière elles, une transmission qui leur commu-

nique le mouvement, et qui le reçoit elle-même de la
machine Corliss, placée dans une autre salle, au nord

Fig. 59. — Installation électrique de l'Opéra.

de la première, et dont on voit la porte à droite. On
aperçoit au fond deux des groupes nouveaux de

9.

1000 lampes; les deux autres sont placés dans la salle voisine, sur le prolongement de la machine Corliss. On aperçoit encore, à gauche et derrière les deux anciennes machines Edison à six colonnes, la dynamo Gramme à courants alternatifs, qui alimente les bougies, et son excitatrice; elles reçoivent aussi le mouvement de la transmission. On emploie généralement, pendant la représentation, les 5 dynamos de 500 lampes et 3 des dynamos de 1000 lampes; la quatrième sert de réserve.

Pour régler à la valeur voulue le potentiel des dynamos, on introduit dans le circuit de leurs électro-aimants des résistances variables, constituées par des rhéostats qu'on appelle régulateurs de champs magnétiques.

Ces régulateurs, qu'on voit au-dessous du grand tableau de distribution (*fig.* 60), sont d'un modèle construit spécialement pour l'Opéra. Chacun d'eux se compose d'un cadre en fonte, placé perpendiculairement au mur, et garni d'isolateurs de porcelaine qui supportent les résistances. Un arbre horizontal, de 4 mètres de longueur, maintenu par des bagues sur les cadres, supporte les manettes de tous les régulateurs. Chaque manette porte un encliquetage qui permet de l'embrayer à volonté sur une roue dentée calée sur l'arbre, qui porte un volant à chacune de ses extrémités. Il suffit de tourner un de ces volants pour manœuvrer à la fois toutes les manettes embrayées et régler d'un seul coup le potentiel de toutes les dynamos en service. Un seul homme suffit donc pour accomplir cette manœuvre, qui doit être très rapide dans un théâtre, où l'on passe brusquement,

Fig. 60. — Régulateur des dynamos employé à l'Opéra.

suivant les effets de scène, de la nuit complète à la pleine lumière ou réciproquement. Cet homme a devant lui un voltmètre à indication constante. Il doit maintenir le potentiel à la valeur qui lui est indiquée, en manœuvrant son volant comme un pilote fait mouvoir son gouvernail.

Le courant des dynamos se rend d'abord à un premier tableau de distribution mesurant 4 mètres de longueur sur 1 mètre de hauteur (fig. 61). Au-dessus et au-dessous de ce tableau sont fixées quatre grandes barres de cuivre nu, communiquant avec deux autres tableaux, qui ont 3,50 m. de longueur sur 1,10 m. de hauteur, et qui desservent chacun environ 20 circuits principaux ou colonnes montantes du théâtre. Des verrous à glissières permettent d'envoyer le courant à volonté dans les barres du haut ou dans celles du bas et, par suite, dans l'un ou l'autre des deux tableaux qu'elles desservent.

Pour mettre une dynamo en service sur un des collecteurs de charge, il faut d'abord la régler au même potentiel que les autres, en agissant sur son régulateur du champ magnétique. Lorsqu'elle est bien réglée, ainsi que le moteur, on pousse le verrou qui ferme le circuit et elle se trouve associée en quantité avec les autres.

Pour la mettre en service, il suffit donc de régler la différence de potentiel pour l'amener à la même valeur que celle des autres dynamos. La manœuvre s'effectue sans amener un écart de plus de 1 ou 2 volts sur le réseau.

Le plus souvent on réunit en quantité les dynamos de 500 lampes sur les barres du haut et celles de

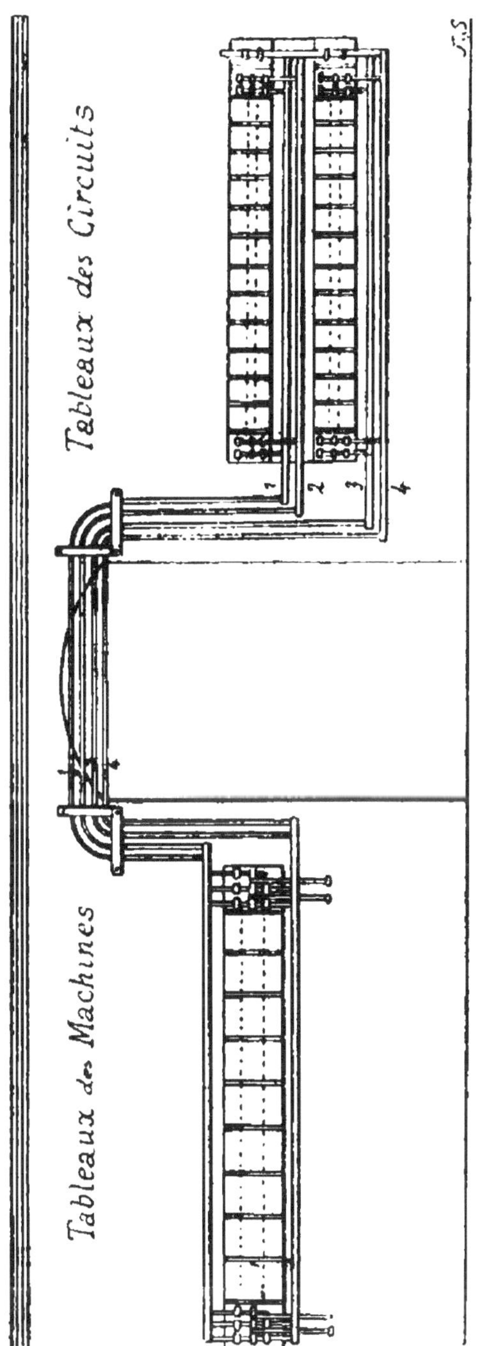

Fig. 61. — Tableau de distribution de l'Opéra.

1000 lampes sur les barres du bas, de sorte que ces deux groupes de dynamos sont indépendants et qu'une avarie aux moteurs n'entraînerait qu'une extinction partielle. On peut cependant, au moyen d'un verrou principal, relier en quantité les quatre barres et par suite alimenter toutes les lampes, soit par les dynamos de 375 ampères et par celles de 800 ampères à la fois, soit par les unes ou par les autres isolément.

De chacun des deux tableaux partiels partent environ 40 conduites principales, qui aboutissent à des branchements secondaires. La mise en charge des conduites principales ou colonnes montantes se fait de la salle des machines; le service des branchements secondaires est effectué par le personnel du théâtre qui envoie le courant, suivant les heures, dans les différents locaux où l'éclairage est nécessaire.

L'éclairage de la scène proprement dit est commandé par un régulateur ou jeu d'orgue, qui a dû être combiné pour se placer sous le plancher de la scène près du trou du souffleur, dans un espace très restreint, désigné sous le nom de mur d'appui. Comme il fallait régler les effets de lumière sur 34 circuits différents, M. Vernes a adopté une disposition analogue à celle des régulateurs de champ magnétique décrits plus haut.

Les manettes des rhéostats (*fig.* 62) sont placées sur deux rangs de 17, et peuvent pivoter ensemble ou séparément au moyen d'un encliquetage. Une lampe étalon, fixée sur un tableau, en face de chaque manette, permet d'observer l'effet produit sur tout le circuit correspondant. Grâce à cette disposition, un seul homme suffit pour régler tout l'éclairage de la

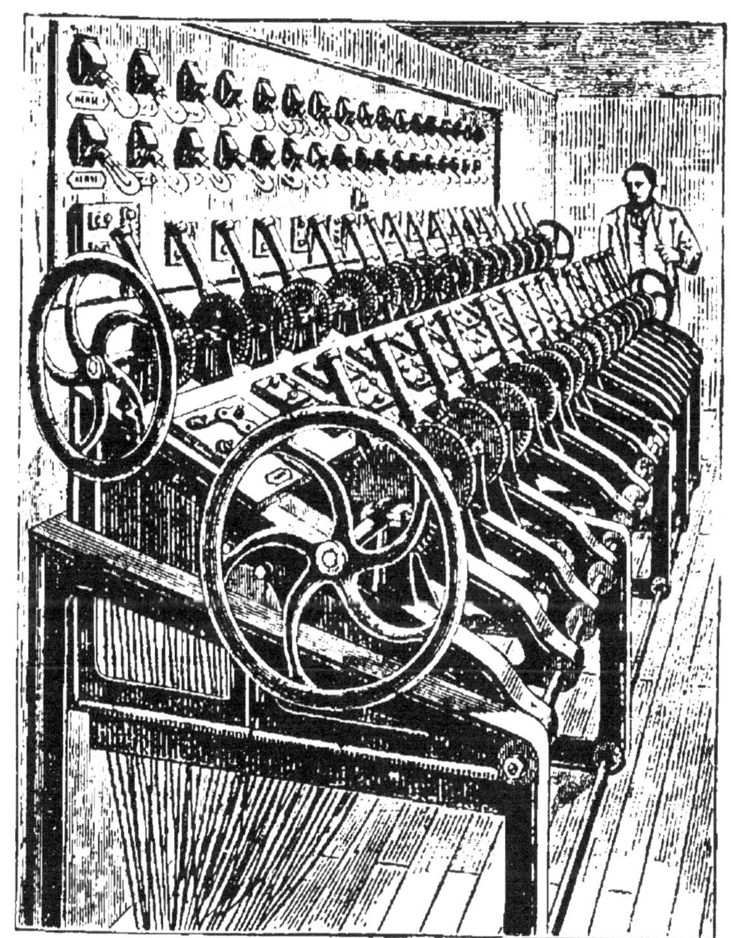

Fig. 62. — Jeu d'orgue de l'Opéra.

scène, qui comprend, suivant la décoration, de 800 à 1700 lampes.

Les résistances de tous les rhéostats sont installées

à 2 mètres en contre-bas, derrière le mur de scène. Elles sont formées de fils de maillechort tendus sur des cadres en fer, garnis d'isolateurs de porcelaine. Elles sont placées perpendiculairement au mur et disposées de façon qu'on puisse les enlever facilement pour les visiter.

Les nombreux services de l'administration, qui comprennent les foyers des chœurs, les bureaux, les ateliers, les loges d'artistes, les caves, les monte-charges, ont exigé de nombreux circuits d'une étendue considérable. Un certain nombre de lampes, désignées sous le nom de veilleuses, brûlent jour et nuit pour éclairer les rondes des pompiers. Les dessus et dessous de scène restent allumés tous les jours en dehors des représentations, pour le travail des machinistes.

Pendant les représentations, la charge moyenne est de 3200 à 3400 ampères, de sorte que les machines ne travaillent qu'aux trois quarts de leur force nominale. Elles sont donc dans d'excellentes conditions de marche et il reste environ 280 chevaux comme secours.

Il convient d'ajouter que toutes les parties de cette magnifique installation, chaudières, moteurs, dynamos, câbles, lampes, ont été fabriquées à Paris ou dans le département de la Seine.

Comédie-Française. — L'installation de l'Opéra a servi de modèle pour un certain nombre d'autres théâtres de Paris, qui ont été également confiés à la Société Edison et dans lesquels on retrouve les mêmes dispositions générales, mais sur une échelle plus réduite, avec quelques modifications de détails exigées par la distribution des locaux. Parmi ces théâtres se trouvent l'Odéon, le Palais-Royal, la Comédie-Française, le Vaudeville, la Gaîté, les Menus-Plaisirs.

Au Théâtre-Français, il fut absolument impossible d'utiliser les caves, dans lesquelles l'espace libre était manifestement insuffisant. On fut donc obligé d'installer une usine le plus près possible, c'est-à-dire dans une petite cour dépendant du Palais-Royal; on la plaça d'abord dans un hangard provisoire en planches; elle est maintenant dans une cave creusée dans la cour et recouverte, au niveau du sol, d'un dallage en verre fondu, tapissé de plantes ornementales.

Cette station renferme, pour le service du théâtre, deux machines locomobiles demi-fixes Weyher et Richemond, de la force de 40 chevaux, qui actionnent, l'une une machine Edison de 225 ampères et 110 volts, l'autre une dynamo de 300 ampères et 110 volts. Le courant est amené par un câble jusqu'au théâtre, où un jeu d'orgue le distribue aux diverses parties du local. L'éclairage comprend 900 lampes, dont 700 pour la salle et la scène et 200 pour les loges d'artistes, l'administration, etc.

Le régulateur des effets de scène n'ayant pu se placer sous la scène, près du trou du souffleur, dans l'espace où la Compagnie Edison installe ordinairement cet appareil, on l'a logé dans un local voisin, séparé par un mur (*fig.* 63), et l'électricien le manœuvre à distance. Pour cela, le levier de commande, au lieu d'être monté sur l'axe qui porte les manettes des rhéostats, est placé dans le local où se tient l'électricien; il est muni d'une bielle articulée avec une tige à crémaillère, qui traverse le mur de séparation et vient engrener avec une roue dentée calée sur l'axe

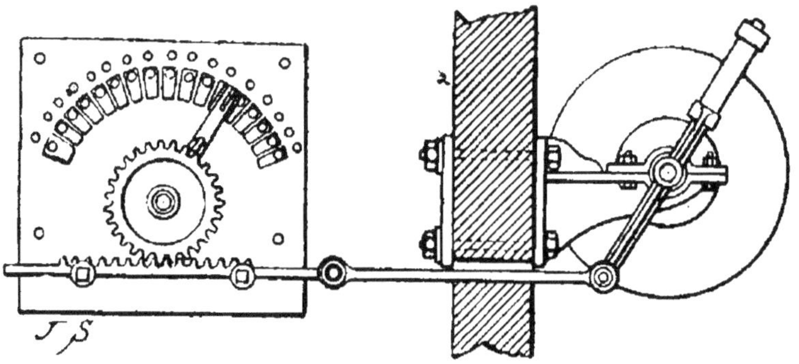

Fig. 63. — Régulateur des effets de scène installé au Théâtre-Français.

des rhéostats; en tournant la bielle dans un sens ou dans l'autre, on fait tourner également toutes les manettes.

Théâtre du Palais-Royal. — Enserré de toutes parts au milieu des maisons du Palais-Royal, ce théâtre, à cause de la mauvaise distribution de sés dégagements, était plus qu'aucun autre exposé aux accidents résultant soit d'un incendie, soit même d'une fausse alerte. On peut donc dire que nulle part ailleurs l'installation de l'électricité n'était plus urgente. Des travaux de réparation, effectués en même temps, ont perfectionné l'aménagement intérieur; de nombreux escaliers de dégagement, accédant à des galeries

extérieures qui surplombent les rues, permettraient
facilement à la foule des spectateurs, en cas d'accident,
de s'écouler au dehors sans danger.

L'installation électrique, placée dans la cave, comprend deux moteurs Weyher et Richemond alimentés
par deux générateurs Belleville, de 500 kg. chacun,
avec deux pompes d'alimentation. Le courant, fourni
par deux machines Edison de 400 ampères et 55 volts,
se rend à un tableau de distribution d'où partent cinq
circuits. Le premier dessert le lustre, le second la
scène et la rampe; le troisième est destiné aux loges
d'artistes et le quatrième contient les girandoles de la
première galerie, le foyer, l'escalier d'accès et le
vestibule d'entrée; enfin le cinquième est un circuit de
réserve, destiné à remédier aux arrêts des machines;
il est alimenté par une batterie de 30 accumulateurs,
renfermant chacun 80 kg. de plomb utile.

L'éclairage est fourni par 600 lampes, dont 400 de
10 bougies et 200 de 20 bougies.

Théâtre de l'Odéon. — L'usine est encore établie
dans les caves. La salle des machines est constituée
par une sorte de long couloir, où les moteurs sont
placés en enfilade. La vapeur est fournie par trois
chaudières Belleville, type de la marine, de 800 kg.
chacune, alimentées par deux pompes. L'eau est prise
au fond d'un puits de 50 mètres de profondeur par une
pompe élévatoire Worthington.

Les dynamos sont actionnées par trois moteurs Weyher et Richemond, de 75 chevaux chacun, marchant à

165 tours, qui sont accouplés directement avec elles.
L'éclairage de jour est fourni par 55 accumulateurs de
80 kg. L'installation comprend environ 1000 lampes
de 16 bougies.

Théâtre de la Gaîté. — Ici encore, on n'a pu disposer que d'un espace très étroit et très incommode,
situé dans le sous-sol. Les figures 64 et 65 montrent
en plan et en élévation la vue d'ensemble de la salle des
machines. La vapeur est fournie par trois générateurs
Belleville, dont un de 1200 kg. et deux de 800,
pourvus de deux pompes d'alimentation. Ces chaudières sont situées dans une salle spéciale; on voit
sur le plan en G G l'emplacement de deux d'entre elles.
Trois moteurs Weyher, type pilon, avec condenseur C, de 75 chevaux chacun, tournant à 165 tours,
commandent trois machines Edison D, de 320 ampères et 115 volts, ainsi qu'une machine Gramme auto-
excitatrice, à courants alternatifs. Une petite machine
de 2 chevaux actionne une pompe centrifuge Neut P,
qui élève l'eau d'un puits de 42 mètres de profondeur.

Le tableau de distribution, situé dans la salle des
machines, permet de réunir les trois dynamos en
quantité ou de faire communiquer l'une quelconque
d'entre elles avec n'importe quel circuit, en tournant
un certain nombre de manettes. Les circuits sont au
nombre de 11; le jeu d'orgue est analogue à ceux des
théâtres précédents.

Ce théâtre contient environ 1300 lampes à incandescence, distribuées de la manière suivante :

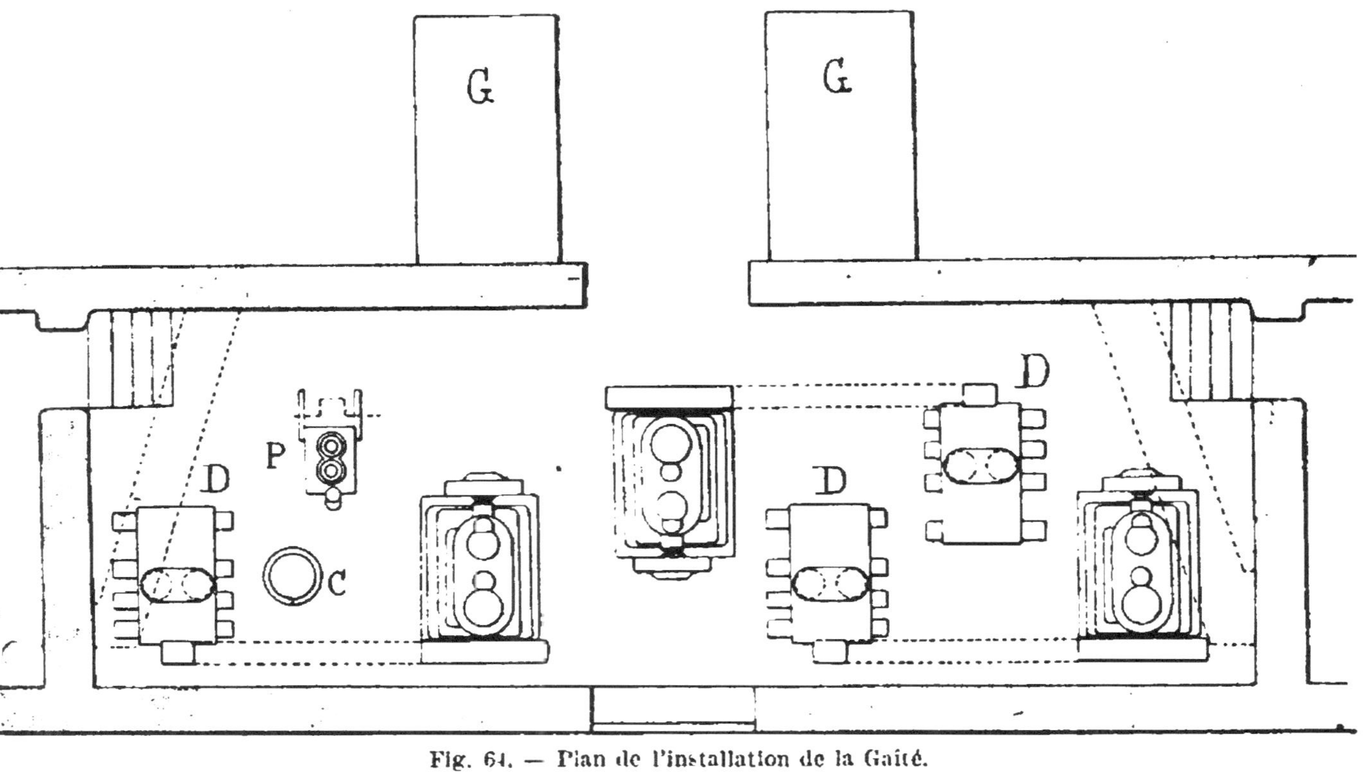

Fig. 64. — Plan de l'installation de la Gaîté.

486 lampes de 10 bougies dans la salle; 582 lampes sur la scène; 234 lampes de 10 bougies et 6 de 16 pour l'administration, etc. Il y a en outre 16 bougies Jablochkoff, alimentées par la dynamo Gramme, 4 lampes à arc Pieper, 4 régulateurs Foucault pour projections et 4 autres manœuvrés à la main.

Le théâtre de la Gaîté est desservi aujourd'hui par le courant du secteur et par conséquent n'utilise plus l'usine particulière que nous venons de décrire.

Opéra-Comique et Châtelet. — On

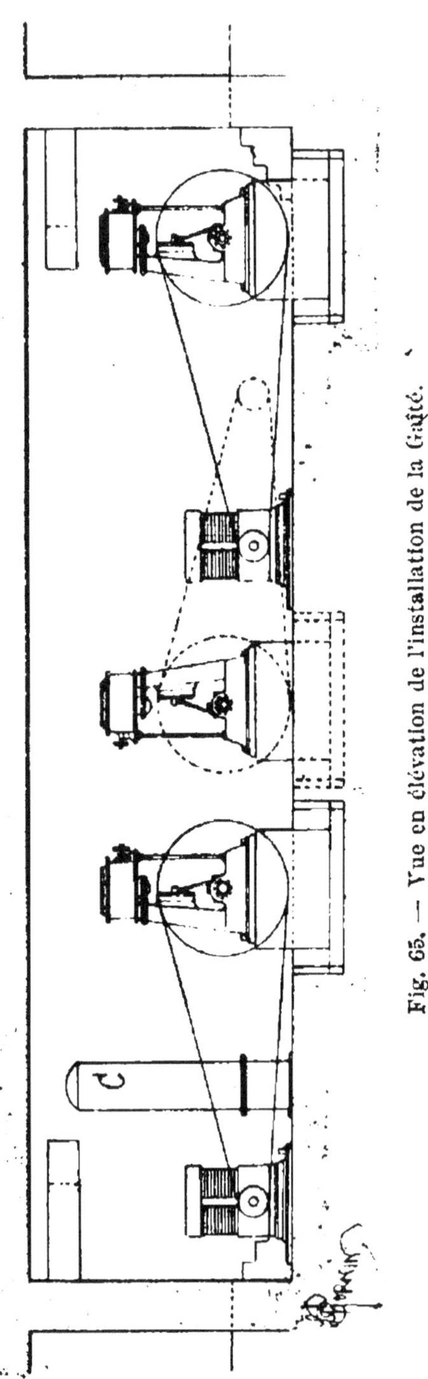

Fig. 65. — Vue en élévation de l'installation de la Gaîté.

sait que ces deux théâtres ne sont séparés l'un de l'autre que par la place du Châtelet et les deux larges rues qui la bordent de part et d'autre. Ce voisinage immédiat a permis de les éclairer au moyen d'une seule station, placée en sous-sol, et dans laquelle le matériel destiné à chacun des deux théâtres est d'ailleurs séparé et réparti symétriquement, ce qui fait qu'elle constitue en quelque sorte deux stations indépendantes réunies dans un même local. Cette usine a été installée par la société l'*Eclairage électrique*. La figure 66 montre le plan de cette installation; nous décrirons seulement une des moitiés, en indiquant les appareils non symétriques.

On voit en G trois générateurs Belleville, ayant chacun une capacité de 1145 litres et une surface de chauffe de 51,45 m². La vapeur produite est à la tension de 12 kg. et se détend ensuite à 7 kg. pour alimenter 1 moteur Weyher W, de 140 chevaux, et 2 moteurs Sulzer S, de 60 chevaux, ce qui fait une force totale de 260 chevaux. Afin d'économiser le plus possible le combustible, on a adopté un système à haute et à basse pression, avec cylindres disposés parallèlement et agissant sur l'arbre de couche commun. La vapeur se détend d'abord jusqu'à une certaine limite dans le cylindre à haute pression, puis elle passe dans l'autre, où la détente s'achève.

Les deux cylindres, ainsi que le réservoir intermédiaire, sont chauffés par la vapeur; ils sont munis d'une distribution par soupapes, qui est, pour le cylindre à haute pression, sous l'effet direct du régulateur, et qui fait varier l'introduction de la vapeur

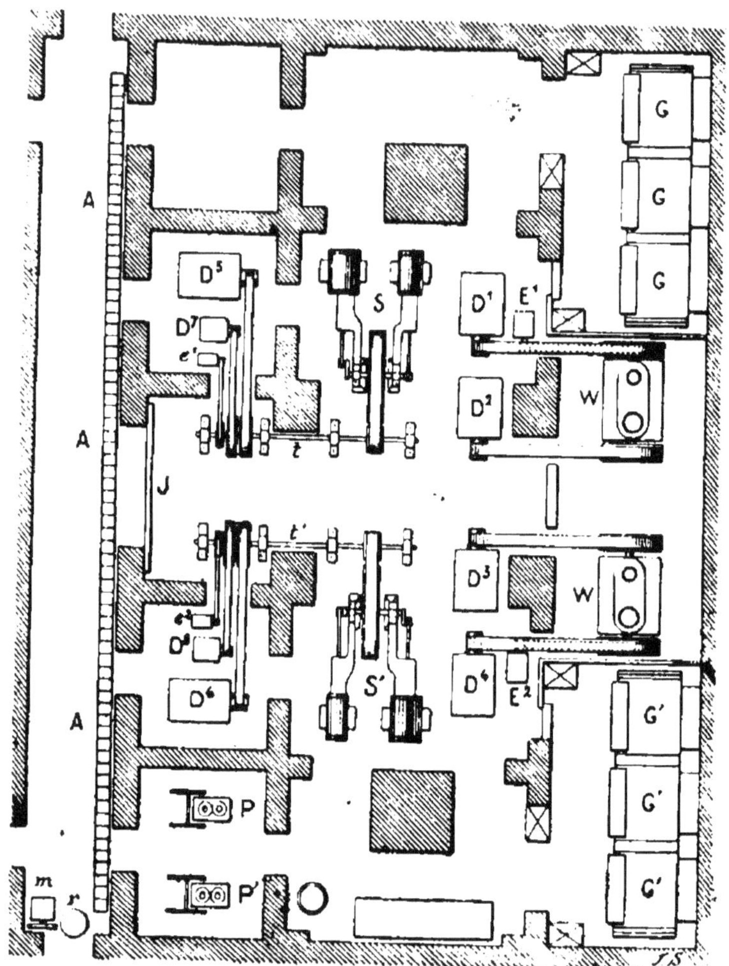

Fig. 66. — Plan de l'installation du Châtelet et de l'Opéra-Comique

suivant la force dont on a besoin. Le graissage automatique est assuré par des pompes à huile.

Ces moteurs peuvent fonctionner à volonté avec condensation ou avec échappement à air libre. La condensation est assurée par deux pompes à air Weyher et Richemond qu'on voit en PP'. L'eau d'alimentation et de condensation est prise dans la Seine par une pompe centrifuge Dumont r et emmagasinée dans un réservoir de 6 m.c. de capacité. Ces pompes sont actionnées par un moteur Gramme m de 8 à 10 chevaux, qui peut recevoir le courant d'une quelconque des génératrices. Ce moteur et les pompes PP' sont communes aux deux parties de l'installation. En temps normal, on ne fait usage que d'une seule de ces pompes et l'on emploie seulement les deux machines Weyher; les autres appareils servent de secours.

Le moteur Weyher actionne : deux dynamos Gramme, type supérieur n° 1, de 375 ampères et 110 volts; une machine Gramme, à courants alternatifs, auto-excitatrice, type II, pour 16 bougies Jablochkoff; les premières se voient en $D^1 D^2$, la seconde en E^1. On peut remarquer que la courroie de l'une des machines D^1 et celle de la machine E^1 sont actionnées par une seule poulie, la première étant superposée à la seconde. Les deux machines Sulzer commandent une dynamo Gramme D^5, semblable aux précédentes, et un alternateur D^7 pour 32 foyers Jablochkoff.

Le service de jour est assuré par une batterie d'accumulateurs A, qu'on charge par une dynamo de 50 ampères et 125 volts, non figurée, que commande la poulie des machines Gramme. De plus, trois batteries doubles de 43 accumulateurs sont destinées à alimenter les lampes de sûreté dans chaque théâtre.

Le tableau de distribution commun aux deux théâtres se trouve au fond d'un des compartiments de la salle des machines. Ce tableau, dont nous avons donné plus haut la description détaillée (*fig.* 35), se compose de deux commutateurs suisses, l'un pour les lampes à incandescence, l'autre pour les foyers Jablochkoff. Des lampes témoins permettent de suivre la marche de l'éclairage. Un dispositif spécial (*fig.* 36), placé au-dessus du tableau, contrôle le fonctionnement des bougies : il contient une lampe à incandescence qui s'éteint si la résistance du circuit augmente.

Quatre câbles, aller et retour, de 200 millimètres carrés de section, se rendent du tableau jusqu'à la scène du Châtelet et se subdivisent en 16 circuits.

Ce théâtre est éclairé par :

200 lampes à incandescence de	50	bougies	
250	—	16	—
550	—	10	—
46 foyers Jablochkoff,			

ce qui demande une intensité moyenne de 780 ampères.

Deux autres câbles, à conducteurs concentriques, de 200 mètres de longueur, se rendent à l'Opéra-Comique en suivant les égouts. Chacun d'eux est constitué par un fil central que recouvre d'abord un premier câblage de 6 fils, puis un second de 12 fils, un troisième de 18 et enfin un quatrième de 22 fils. Ce noyau métallique, qui forme le conducteur central, est protégé par deux fortes enveloppes de caoutchouc vulcanisé, maintenues par trois lits de rubans isolants enduits de caoutchouc. Cette première partie est entourée par 22 torons de 7 fils de cuivre, qui constituent le conducteur périphérique, et qui sont recouverts de deux couches de caoutchouc vulcanisé, maintenues par trois rubans caoutchoutés; le tout est serré par une tresse de chanvre enduite de caoutchouc. Chacun des deux conducteurs offre une section de 375 millimètres carrés.

Ce théâtre comprend :

160 lampes à incandescence de 32 bougies
200   —   16   —
450   —   10   —
    9 bougies Jablochkoff,

qui exigent une intensité moyenne de 564 ampères.

Les jeux d'orgue des deux théâtres sont placés latéralement sur la scène; leur disposition est analogue à celle du tableau de distribution. Les rampes sont formées de bougies Jablochkoff. Les herses et les portants se composent de trois circuits comprenant des lampes de couleurs différentes. Les effets de coloration s'obtiennent en allumant l'un ou l'autre des trois circuits.

Théâtre du Gymnase. — Dans certains théâtres, l'éclairage est alimenté par une batterie d'accumulateurs; c'est le système adopté généralement par la maison Clémançon, qui a installé un grand nombre de théâtres à Paris. Deux dispositions peuvent être adoptées; tantôt les accumulateurs reçoivent le courant d'une station centrale plus ou moins éloignée, comme nous le verrons plus loin pour les théâtres desservis par l'usine de la rue de Bondy; tantôt ils sont chargés par des machines placées dans le même local, comme cela a lieu pour le Gymnase.

Dans ce théâtre, les difficultés provenant du défaut d'espace ont été plus grandes encore que dans la plupart des autres. Il a fallu pratiquer une fouille dans une petite cour voisine de l'immeuble, et la fosse ainsi creusée était encore restreinte par des murs mitoyens et un puisard qu'il fallait absolument respecter; on n'a donc pu obtenir ainsi qu'un emplacement de 10 mètres de longueur, 2,60 m. de largeur, et 3,70 m. de hauteur. Toute la machinerie, qui correspond à une force de 60 chevaux, a dû trouver place dans cette cavité, qui a été divisée en deux compartiments, la chambre de chauffe et la salle des machines. La lumière est fournie par un vitrage V et l'aération par une cheminée.

La chambre de chauffe, qu'on voit à droite (*fig.* 67), renferme deux générateurs inexplosibles Belleville, type de la marine; ces générateurs sont chauffés par du coke, qu'on verse du rez-de-chaussée, par une trémie, dans une soute ayant une contenance d'environ 5000 kg. Devant les générateurs se trouve une petite citerne, qui reçoit les eaux de condensation, de lavage, les purges, etc.; elle se vide à l'aide d'un éjecteur Kœrting, qui fonctionne sous la pression de l'eau de la Ville et élève le liquide au niveau d'un

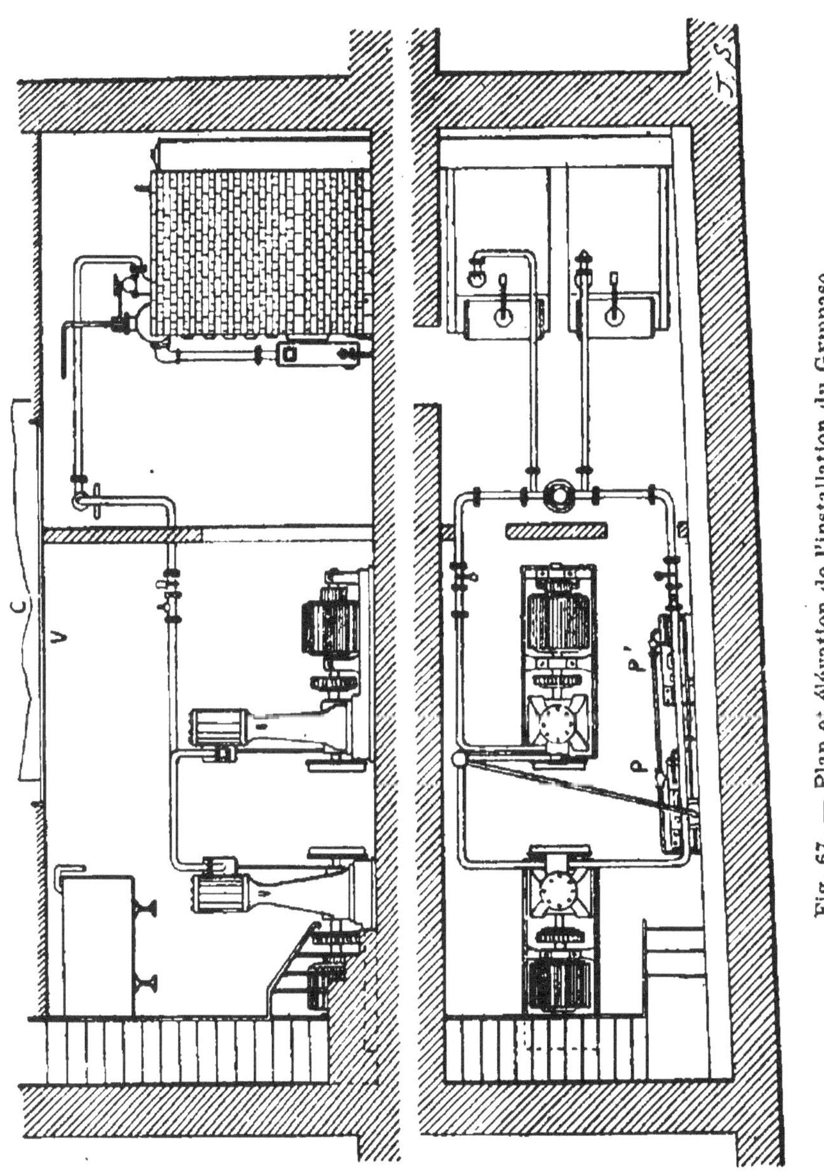

Fig. 67. — Plan et élévation de l'installation du Gymnase

égout, situé dans la cour au-dessus de la salle des machines.

10.

La seconde salle renferme deux groupes, composés chacun d'une machine à vapeur et d'une dynamo, réunis directement par l'intermédiaire d'un accouplement élastique, système Raffard. Pour ménager l'espace, on a adopté des moteurs pilon, qui tournent à 350 tours, et donnent, à la pression de 6 kg. et avec un degré d'introduction de 2/10, une puissance de 22,3 chevaux ; cette puissance peut atteindre 47,2 chevaux, au degré d'introduction de 6/10. Les dynamos, du système Thury, donnent, pour une vitesse de 350 tours, 70 volts et 200 ampères (*fig.* 22).

Le courant des dynamos se rend à un tableau de charge des accumulateurs, situé dans la salle même des machines, et qui permet de réaliser tous les couplages possibles entre les machines et les accumulateurs ; ce tableau a été décrit plus haut (page 92). Ces accumulateurs sont au nombre de 112, et divisés en deux batteries égales, où les éléments sont groupés deux à deux en surface.

Chacune de ces batteries peut débiter 320 ampères pendant 8 heures et demie, avec un abaissement de potentiel de 5 0/0 ; chacune d'elles possède un commutateur de réduction, qui permet de faire varier à la décharge le nombre des accumulateurs en circuit, suivant les variations de la force électromotrice.

Le courant de décharge des accumulateurs, qui est seul utilisé dans le théâtre, est amené à un tableau de distribution, décrit plus haut (p. 103) et qui présente une disposition analogue à celle du tableau de charge.

Là il se répartit entre les 7 circuits qui desservent les diverses parties du théâtre, savoir :

A. Loges d'artistes;
B. Veilleuses;
C. Façade;
D. Marquise;
E. Administration;
F. Corridors de la salle;
G. Jeu d'orgue.

Les lampes sont réparties de la manière suivante :

Salle.	221
Scène.	469
Loges d'artistes et administration.	193
Total.	883

Ces lampes sont du système Khotinsky, du type de 50 volts, et dépensent 3,5 watts par bougie. Le lustre, analogue à celui de la figure 48, comprend 180 lampes de 10 bougies; la rampe en a 30 de 16 bougies, les herses 165 de 10 bougies, les portants, traînées et réflecteurs 94 de 10 bougies. L'intensité lumineuse totale est de 9196 bougies.

Le jeu d'orgue, placé sur la scène, côté cour, commande le lustre, la rampe, les herses, les portants, etc. Il est composé de commutateurs spéciaux, et permet de réaliser tous les effets de lumière nécessités par la mise en scène. Nous avons fait connaître plus haut sa disposition (p. 106).

Renaissance, Porte-Saint-Martin, Ambigu et Folies-Dramatiques. — Ces quatre théâtres présentent un cas intéressant : comme ils sont très voisins les uns des autres, on a songé à les alimenter au moyen d'une seule usine située rue de Bondy, et qui a été installée en 1887 par la Société pour la transmission de la force. Ce poste comprend deux machines compound Weyher et Richemond, à condensation, de 80 chevaux chacune, et un moteur vertical à grande vitesse, Lecouteux et Garnier, de 75 chevaux. Ce dernier, qui est alimenté par une chaudière tubulaire Roser, actionne directement une dynamo Thury de 400 ampères et 110 volts. Chaque machine Weyher commande deux dynamos Gramme, construites par la maison Bréguet, de 240 ampères et 110 volts. Il y a de plus, comme secours, quatre batteries d'accumulateurs pouvant débiter chacune un courant de 100 ampères. Chaque théâtre possède en outre une batterie de secours pouvant alimenter à peu près la moitié de ses lampes. Ces diverses batteries sont chargées pendant environ 10 heures, avant ou après le spectacle.

Le courant des dynamos arrive à un tableau de distribution ayant la forme d'un grand commutateur suisse, divisé en deux parties, et comporte un ampèremètre et un voltmètre par circuit. De ce tableau partent les lignes aboutissant aux quatre théâtres et qui sont formées de câbles aériens passant sur les toîts. Il y a trois circuits pour la Porte-Saint-Martin et deux pour chacun des autres théâtres; l'installation intérieure de ces théâtres est analogue à celle du Gymnase.

Le théâtre de la Renaissance comprend 766 lampes donnant une intensité totale de 8038 bougies, et réparties de la manière suivante.

Salle.	140
Scène.	468
Loges d'artistes et administration. . . .	158
Total. . .	766

Il y a, en outre, sur la façade 6 régulateurs à arc.

La Porte-Saint-Martin emploie 1461 lampes à incandescence, savoir :

Salle.	204
Scène.	933
Loges d'artistes et administration. . . .	324
Total. . .	1461

L'intensité totale est de 18 426 bougies; il faut ajouter 42 lampes de secours de 10 bougies, situées sur un circuit complètement indépendant, et 4 régulateurs à arc, placés sur la façade.

Le théâtre de l'Ambigu est éclairé par 1040 lampes, ainsi distribuées :

Salle.	182
Scène.	658
Loges d'artistes et administration. . . .	200
Total. . .	1040

Il y a en outre 28 lampes de secours, alimentées par un circuit distinct, et 6 régulateurs à arc sur la façade.

Enfin, le théâtre des Folies-Dramatiques renferme 909 lampes.

Salle.	162
Scène.	497
Loges d'artistes et administration. . . .	250
Total. . .	909

Il faut compter, en outre, 39 lampes de secours et 4 lampes à arc.

Les batteries d'accumulateurs sont réparties ainsi qu'il suit : à la Porte-Saint-Martin, 2 batteries de 55 éléments, soit 110 éléments, d'un débit de 160 ampères; à l'Ambigu, 110 éléments de 100 ampères en 2 batteries; à la Renaissance, 55 éléments de 160 ampères; aux Folies-Dramatiques, 3 batteries de 60 accumulateurs, dont 2 système Philippart et 1 système Gadot.

Depuis que la Société pour la transmission de la force a installé ses usines pour l'éclairage du secteur de Saint-Ouen, le poste de la rue de Bondy a été agrandi pour desservir le quartier avoisinant.

Olympia. — La magnifique salle de spectacle, connue sous le nom d'*Olympia* et construite sur l'emplacement occupé autrefois par les *Montagnes russes*, est pourvue d'une station électrique remarquable à tous les points de vue.

Cette installation électrique comprend trois générateurs à vapeur, système Babcok et Wilcox, et trois dynamos à vapeur de 135 chevaux chacune. Chaque ensemble de dynamo à vapeur comporte une dynamo

Rechniewski à huit pôles de 80 kilowatts et un moteur à vapeur Willans à simple effet et à distribution centrale, auquel elle est accouplée directement.

Fig. 68. — Salle des machines de l'Olympia.

Cette installation, dont la figure 68 représente la vue de la salle des machines, alimente actuellement 1750 lampes à incandescence de 16 bougies, 14 lampes à arc de 8 ampères et 5 moteurs électriques d'une puissance totale d'environ 8 chevaux.

La salle des machines est placée derrière la scène et est divisée en deux parties, séparées par une cloison.

La partie postérieure est réservée à la chaufferie et n'est pas accessible au public; au contraire, la salle des machines est d'un accès facile pour les spectateurs, grâce à une galerie vitrée placée derrière la scène. Cette galerie forme le prolongement du promenoir qui règne autour de la salle, constituant ainsi une galerie continue bien plus commode pour la circulation que les promenoirs en fer à cheval.

Théâtre de Genève. — Ce théâtre est un des plus luxueux et des mieux aménagés de l'Europe; construit vers 1880, il reçut tous les perfectionnements de l'art moderne, sauf l'éclairage électrique, qui était encore peu répandu; c'est seulement en 1888 et 1889 qu'on y installa l'électricité, qui fut inaugurée le 1er septembre 1888, à la représentation d'*Excelsior*.

La distribution est à trois fils. Le courant est fourni par la Société d'appareillage électrique, concessionnaire de la ville, qui a fait aussi l'installation du théâtre; il est amené par trois câbles jusqu'à un local situé du côté jardin et qui renferme les compteurs, au nombre de quatre, du système Aron, réunis par deux en dérivation sur les câbles positif et négatif; le câble neutre en est évidemment dépourvu. Les câbles positif et négatif ont une section de 10 centimètres carrés, le troisième de 5. Ils sont calculés pour un débit de 500 ampères avec une perte de 5 volts, et portent à leur origine des résistances d'absorption, réglables pour parer à cette variation.

Cette installation a été faite dans un local construit exprès pour cet usage entre un dégagement du premier dessous et l'orchestre; deux logettes placées à côté du trou du souffleur, sous la partie la plus avancée de la scène, permettent, en montant sur de petits escaliers, de regarder au-dessus du plancher pour juger des effets de l'éclairage.

Le tableau de distribution porte des barres de cuivre horizontales, auxquelles les circuits sont reliés par des plombs fusibles.

Le jeu d'orgue est du système Baehr. Les résistances sont formées chacune d'un cylindre fixe sur lequel s'enroule un fil de maillechort; suivant l'une des génératrices glisse un frotteur à contacts multiples, mû par une vis que commande une roue dentée entraînée par une vis sans fin. Toutes les vis sans fin sont sur le même axe, mais un mécanisme très simple permet d'embrayer à volonté les frotteurs.

En outre, un commutateur à plusieurs touches, placé sur chaque rhéostat, permet d'interrompre le courant ou d'intercaler dans le circuit soit toute la résistance, soit une partie seulement : on obtient ainsi des variations de lumière beaucoup plus rapides qu'avec la vis sans fin. Ce jeu d'orgue a l'avantage de n'occuper qu'un très petit volume, mais la vis sans fin donne des variations trop lentes, et les commutateurs des variations trop rapides, dont le contre-coup, lorsqu'on éteint brusquement toutes les herses ou tous les portants, doit nécessairement se faire sentir sur tout le reste du réseau.

L'installation comprend 2270 lampes, réparties de la manière suivante :

<pre>
Administration.   222
Salle.   24
Accessoires de la salle.   112
Foyer, escaliers et vestibules.   550
Scène : Divers.   7
        Grand lustre.   486
        Herses.   278
        Rampes (3 couleurs), 32 bougies. . .   156
        Portants.   72
        Traînées.   78
        Servantes.   16
        Lustres de scène, etc.   67
        Lampes de sûreté.   70
        Combles et divers, environ.   32
</pre>

Les conducteurs ont été soigneusement protégés par des moulures en bois ou par une enveloppe de plomb; un certain nombre d'entre eux ont été dissimulés dans les anciens tuyaux de gaz.

Une batterie d'accumulateurs Khotinsky, d'une capacité de 240 ampères-heure, alimente un certain nombre de lampes de sûreté, placées en divers points de l'édifice, et destinées à remédier aux extinctions subites; ces lampes sont desservies par des circuits spéciaux.

Le prix total de l'installation a été d'environ 90500 fr.

Théâtre de la Scala, à Milan. — Ce théâtre célèbre a reçu, l'un des premiers, l'éclairage électrique, dès 1883; le courant lui est fourni par la station centrale de la ville. L'éclairage est complètement constitué par des lampes à incandescence, au nombre d'environ 2 570, dont 1 600 seulement fonctionnent en même temps dans les circonstances ordinaires.

Ces lampes sont distribuées comme il suit :

Lustre,	344
Pourtour.	253
Orchestre et couloirs des loges et galeries supérieures.	209
Entrée, vestibule, café, etc.	108
Entrée latérale, cours, atelier de décors, loges d'artistes, etc.	550
Rampes.	98
9 herses.	408
32 portants.	264
6 projecteurs mobiles.	90
12 rampes mobiles de 10 lampes.	120
Lampes de réserve.	126

Les lampes des services principaux (lustre, orchestre, rampe, scène, etc.) sont toutes de 16 bougies; celles des herses, des couloirs, des loges, etc., de 10 bougies; elles sont réglées pour la même différence de potentiel que les premières et montées comme elles en dérivation. Enfin, les lampes placées dans les dessous et dans les locaux de moindre importance sont de 8 bougies et réglées pour une différence de potentiel moitié moindre; elles sont donc montées deux par deux en série. Les lampes fixes (lustre, orchestre, couloirs, etc.), ont été placées à l'extrémité des supports qui servaient pour le gaz, chacune à la place d'un bec.

Théâtre de La Rochelle. — Nous signalerons

cette installation très simple (1887), qui peut servir de modèle à un certain nombre de petites villes, désirant éviter les dangers du gaz, sans s'exposer à des dépenses considérables. C'est une installation mixte, dans laquelle le gaz a été conservé pour la rampe et la salle, où les incendies prennent rarement naissance, tandis qu'on a adopté la lumière électrique pour la scène, qui est la partie la plus dangereuse, et pour les couloirs, afin de faciliter la sortie en cas d'accident.

Les portants, les herses, le gril et les dessous sont éclairés par 44 lampes à incandescence Swan et ne renferment plus un seul bec de gaz. Les couloirs et escaliers sont munis de 18 lampes, qui suffiraient largement pour faciliter la sortie, si un accident obligeait à fermer le compteur à gaz. En temps normal, il reste dans ces couloirs un certain nombre de becs de gaz légèrement ouverts.

Le courant est amené par une ligne aérienne et fourni par une dynamo Gramme, mise en mouvement par la machine du service des eaux, située au Champ de Mars, à 1500 m. du théâtre. Cette machine sert, pendant le jour, à alimenter 45 lampes Edison, établies à l'hôtel de ville, et qui ne sont jamais allumées aux mêmes heures que le théâtre.

Théâtre de l'Auditorium, à Chicago. — On sait que l'esprit pratique des Américains ne recule devant aucune nouveauté. C'est ainsi qu'une importante Compagnie financière n'a pas craint d'associer ensemble les deux établissements qui présentent le plus de dangers d'incendie, un théâtre et un hôtel. Cet édifice à double destination a été commencé en 1885 et terminé en 1888, après trente-cinq mois de construction, les travaux ayant été poussés avec toute l'activité possible; il constituait encore en 1893 une des principales attractions de Chicago.

C'est un immense bloc de maçonnerie, qui occupe sur la rue du Congrès une longueur de 120 mètres et présente en outre deux façades de 60 mètres sur deux avenues latérales. En réunissant ainsi dans un même immeuble deux établissements dont la juxtaposition serait considérée en Europe comme extrêmement dangereuse, la Compagnie de l'*Auditorium* a pris toutes les précautions imaginables. On est du reste habitué à Chicago, où l'on construit des maisons à 22 étages, à proscrire soigneusement les matériaux inflammables. La suppression absolue du gaz et l'emploi de l'électricité, combinés avec une excellente installation hydraulique, achèvent de garantir une parfaite sécurité.

Une tour de 90 mètres de hauteur, placée à l'un des angles du bâtiment, porte un vaste réservoir qui distribue à profusion l'eau sous pression en tous les points de l'édifice. Ce réservoir est desservi par deux pompes à vapeur, débitant chacune plus d'un hectolitre par seconde; outre le service hydraulique ordinaire, il alimente les bouches d'incendie disséminées, en grand nombre, en tous les points de l'installation, les ascenseurs, au nombre de treize, répartis dans les diverses parties de l'édifice, et les appareils de manœuvre des décors; la machinerie étant toute en fer, les poids à mouvoir sont énormes,' et l'on a jugé préférable de les faire commander par l'eau plutôt que par l'électricité. Toutes les précautions nécessaires à la sécurité se trouvent ainsi observées, et la réunion des deux établissements, outre l'agrément qu'elle offre aux habitants de l'hôtel qui ont, pour ainsi dire, le spectacle chez eux, a permis de réaliser une grande économie; en dehors de l'achat du terrain, la dépense n'a pas excédé 15 millions, et l'établissement offre une double source de revenus.

L'électricité ayant été adoptée dès l'origine, les architectes ont pu disposer les foyers de la manière la plus avantageuse pour la décoration, et l'on n'a pas eu à s'inquiéter, pour les peintures, de l'influence des émanations que donne le gaz d'éclairage; c'est un avantage précieux qui ne s'est guère encore rencontré dans les théâtres d'Europe, construits, pour la plupart, avant l'adoption de la lumière électrique.

Le courant est produit par 10 dynamos, de 1000 lampes chacune, commandées par 10 moteurs qu'alimentent un nombre égal de chaudières. L'usine, qui contient, en outre, une machine de secours, est installée dans des sous-sols spacieux disposés spécialement pour cet usage. Le parcours des conducteurs a été étudié d'avance avec soin, de manière à éviter tout contact avec des matières susceptibles de s'enflammer.

Le nombre total des lampes est de 10 000, dont 3500 pour la salle de théâtre et 1500 pour la scène. Le tableau de distribution, dirigé par le chef des jeux de lumière, comporte donc 5000 lampes dont on peut faire varier l'éclat à l'aide de rhéostats; pour les 450 foyers de la rampe et les 150 lampes de chacun des six portants, ils sont munis d'écrans en verres colorés donnant les teintes rouges, vertes ou blafardes.

Le foyer des musiciens, situé derrière l'orchestre, et les trente vestiaires des figurants sont également éclairés à l'électricité, mais les lampes destinées à cet usage sont indépendantes du tableau de distribution du théâtre.

Pour tout l'édifice, qui comporte dix étages et occupe une superficie de 6000 mètres carrés sans aucune cour intérieure, les câbles et les fils électriques ont un développement total de 40 kilomètres.

VIII

EFFETS DE SCÈNE FONDÉS SUR LA GRANDE INTENSITÉ DE LA LUMIÈRE ÉLECTRIQUE

Comme nous l'avons dit plus haut, c'est pour la production des effets de scène que la lumière électrique fit sa première apparition sur nos théâtres, en 1846. Ce début ayant obtenu un succès complet, on songea immédiatement à généraliser son emploi sur toutes les grandes scènes pour tous les effets lumineux, et à la substituer aux lampions et aux lumignons de tous calibres qui avaient jusqu'alors rempli plus ou moins grossièrement cet office. La lumière électrique n'a pas seulement l'avantage de produire un éclairage dont nul autre foyer ne peut égaler l'intensité, elle vient merveilleusement en aide au décorateur pour l'imitation des phénomènes physiques ou la réalisation d'effets féeriques : elle colore l'eau d'une fontaine et la rend lumineuse, elle projette sur le sol et sur les murs d'une église les reflets de vitraux éclairés par le soleil, elle produit les éclairs, elle traverse un prisme et fait paraître sur une toile peinte un véritable arc-en-ciel.

Pour tous les effets qui demandent une grande intensité, l'emploi d'une lampe à arc est tout indiqué; le régulateur Foucault-Duboscq, qui a servi dès 1846 à cet usage, est encore celui qu'on utilise le plus souvent aujourd'hui. Généralement on dispose le foyer dans une lanterne en bois ou en métal, qui limite le faisceau lumineux et le laisse passer seulement dans la direction où on veut l'employer. A l'Opéra, avant l'installation de l'éclairage électrique, on pouvait allumer simultanément huit régulateurs destinés aux effets de scène. Un pont était disposé de chaque côté, au-dessous du cintre et sur toute la longueur de la scène, spécialement pour ce service. Des prises de courant, situées à chaque plan ainsi que sur le théâtre et dans les dessous, permettaient d'installer les lampes en un point quelconque. Nous décrirons d'abord les appareils employés pour produire les effets de scène qui demandent une grande intensité.

Éclairage d'une partie de la scène ou d'un personnage. — Dans un grand nombre de pièces, il est utile d'éclairer une partie de la scène et les personnages qui s'y trouvent, soit pour imiter la clarté de la lune, soit pour concentrer l'attention sur ce point et obtenir des effets féeriques. On se sert alors le plus souvent d'une lanterne en bois (*fig.* 69) munie d'un réflecteur argenté, qui reçoit les rayons et les réfléchit en un faisceau parallèle ou divergent, suivant sa dis-

tance au point lumineux. Si l'on veut envoyer la
lumière sur de très larges surfaces, telles qu'un pan de

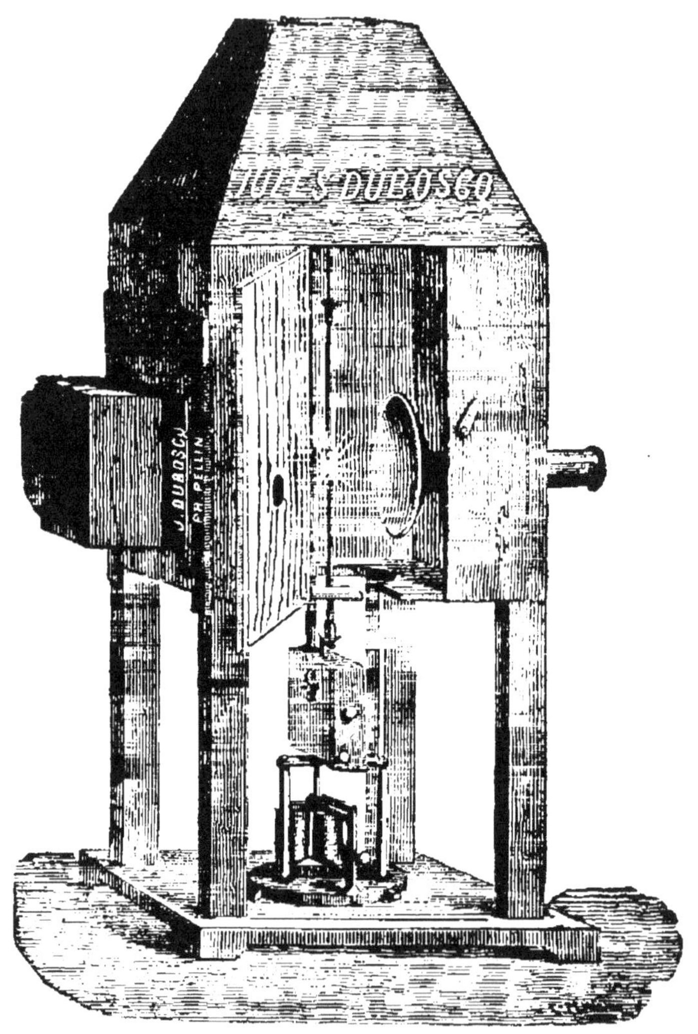

Fig. 69. — Lanterne Duboscq pour effets de scène.

mur ou un jardin, on peut supprimer la lanterne et
placer simplement la lampe sur un support articulé

dans tous les sens; en arrière est fixé un montant portant un miroir en verre argenté de 30 centimètres de
diamètre, qui peut glisser dans une coulisse verti-

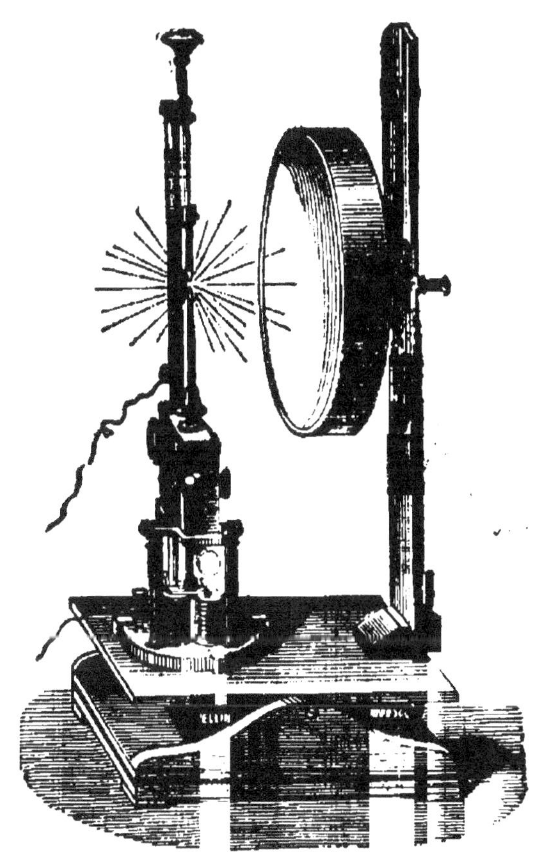

Fig. 70. — Appareil Duboscq pour l'éclairage des grandes surfaces.

cale (*fig.* 70). Enfin, lorsque le faisceau lumineux doit
suivre un personnage, comme dans *Faust, Hamlet,* etc.,
on remplace la première lanterne, qui est trop lourde
et trop volumineuse, par un appareil plus léger en
bois ou en tôle (*fig.* 71), auquel la lampe est attachée :

des lentilles éclairantes permettent de concentrer en
un point un faisceau de rayons lumineux qu'on peut
élargir à volonté; un diaphragme placé en avant, et
qu'on manœuvre au moyen d'une poignée, limite le

Fig. 71. — Lanterne Duboscq pour suivre les personnages.

champ éclairé. Ces appareils ont été imaginés par la
maison Duboscq et appliqués par elle à l'Opéra, puis
dans un grand nombre d'autres théâtres.

Danses serpentines. — C'est surtout dans les ballets qu'on cherche à obtenir les effets les plus brill-
lants, et l'on essaie ordinairement d'y réunir toutes

les séductions qui peuvent charmer les yeux des spectateurs. La lumière électrique n'a pas été oubliée dans ce cas et l'on se sert depuis longtemps des appareils décrits dans le paragraphe précédent pour inonder soit tout le corps de ballet, soit le groupe

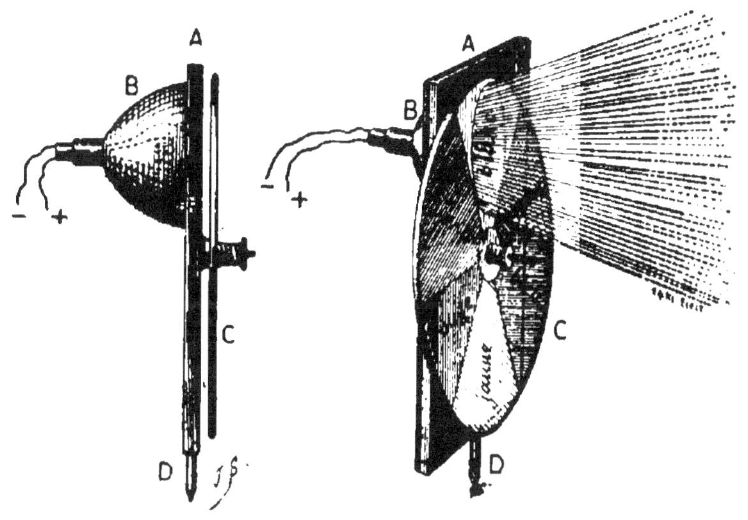

Fig. 72. — Appareil pour l'éclairage des danses serpentines.

principal, d'une brillante clarté qui fait étinceler les bijoux et les paillettes des costumes.

Les effets qu'on peut ainsi obtenir sont trop connus pour qu'il soit utile d'insister; nous citerons seulement la disposition nouvelle inaugurée l'hiver dernier par la Loïe Fuller et qu'on a pu admirer aux Folies-Bergères, au Petit-Casino et sur un grand nombre de scènes de Paris et de la province. La danseuse, vêtue d'une robe blanche très ample, évolue généralement devant un fond noir ou très sombre. L'éclairage est obtenu, le plus souvent, par des lampes à incandescence munies de réflecteurs paraboliques (*fig.* 72); chaque réflecteur est monté sur une planche noircie qu'une personne tient facilement de la main gauche, tandis que, de la main droite, elle fait tourner devant la source un disque de verre divisé en secteurs de couleurs variées. L'appareil est très portatif, ce qui

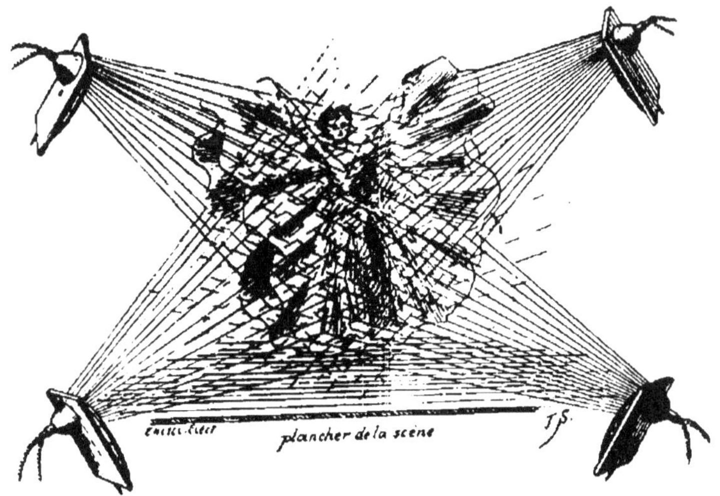

Fig. 73. — Eclairage des danses serpentines.

permet de suivre facilement les mouvements de la danseuse avec le faisceau lumineux. Aux Folies-Bergères, on employait huit lampes, quatre en avant et quatre en arrière, disposées comme le montre la figure 73; au Petit-Casino, l'on se contentait de deux. Dans d'autres théâtres, on s'est servi de lampes à arc, devant lesquelles on faisait passer des verres de couleur. Quelle que soit la disposition employée, la robe de la danseuse paraît teinte à la fois de toutes les nuances de l'arc-en-ciel, et l'on obtient les effets les plus variés, soit par la rotation des verres de couleur, soit par les ondulations communiquées aux plis de la robe; celle-ci renferme ordinairement deux baguettes soigneusement dissimulées, que la danseuse saisit et relève de temps en temps pour agiter à la fois toute la masse de la jupe.

Le succès des danses serpentines fut tel qu'on essaya aussitôt de les appliquer, comme une nouvelle attraction, dans toutes les circonstances possibles et qu'on épuisa en peu de temps toutes les ressources qu'on peut tirer de cet ingénieux divertissement. Ainsi, le 3 août 1893, des danses serpentines à cheval furent inaugurées au Cirque d'été par Mlle Hélène Girard.

Quelques mois plus tard, on songea, pour rajeunir ce truc déjà un peu usé, à exécuter ces danses au milieu d'animaux féroces. Le premier essai, tenté au théâtre de la Gaîté, pour ajouter deux tableaux aux *Bicyclistes en voyage*, ne fut pas très heureux; l'un des quatre lions qui prenaient part à la répétition, agacé par les changements fréquents d'éclairage, se jeta sur la danseuse, Mlle Bob Walter, et mordit cruellement le dompteur Mark, qui s'élança pour la protéger.

Un autre genre de danse serpentine vient d'être produit tout dernièrement au Casino de Paris; miss Sita, la célèbre chanteuse excentrique, accompagne son chant de pas et de mouvements gracieux et se trouve tout embrasée de la tête aux pieds, lançant les rayons d'une éblouissante illumination électrique.

Ces merveilleux effets, dont la figure 74 ne peut

donner une idée, même approchée, sont obtenus à l'aide de 120 à 150 lampes à incandescence, habile-

Fig. 74. — Miss Sita, au Casino de Paris.

ment utilisées et dissimulées dans les vêtements de la danseuse, qui peut, à volonté, éteindre ou allumer les foyers lumineux dont elle est parée.

C'est M. G. Trouvé, l'habile électricien, qui a imaginé cet ingénieux dispositif.

Fontaines lumineuses. — Depuis longtemps aussi, l'éclairage électrique est utilisé dans les théâtres pour produire des fontaines lumineuses. C'est encore à l'Opéra de Paris, en 1853, dans le ballet d'*Elia et Mysis*, que ce truc, imaginé par M. Jules Duboscq, fit sa première apparition. Le succès fut tel qu'on le reproduisit successivement dans plusieurs pièces à grand spectacle et qu'on l'utilisa même dans les fêtes publiques et privées.

Les fontaines lumineuses sont fondées sur une expérience bien connue de Colladon. L'eau, placée dans un vase cylindrique ou prismatique d'assez grande hauteur (*fig.* 75), s'échappe par un orifice R sous la forme d'un jet parabolique. Une lampe électrique C, munie d'un système de lentilles éclairantes L, se place devant une ouverture A, fermée par une glace plane, et lance à travers le liquide un faisceau lumineux dirigé suivant l'axe de la veine parabolique. Par suite de la courbure du jet, ce faisceau subit à chaque pas de sa course la réflexion totale sur les parois intérieures de l'eau, et, au lieu de s'échapper, accompagne le liquide et l'illumine sur une grande longueur, en lui donnant l'aspect d'un jet de feu. On peut changer à volonté la couleur de la gerbe, en plaçant des verres colorés devant l'appareil électrique. C'est une fontaine de ce genre qu'on emploie ordinairement au second acte de *Faust*, lorsque

Méphistophélès fait jaillir à volonté des liquides différents. On peut éclairer encore de la même façon une fontaine à jet vertical; en 1867, lors d'une fête donnée dans les jardins du Conservatoire des Arts et Métiers, M. Jules Duboscq avait installé une fontaine

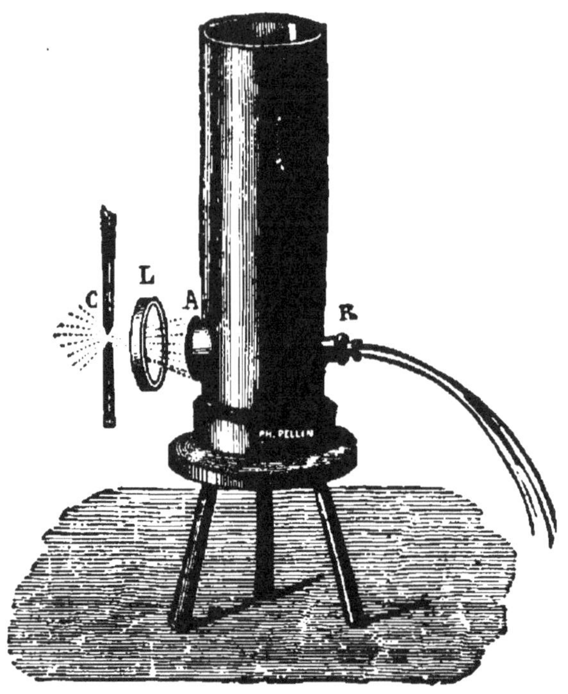

Fig. 75. — Principe des fontaines lumineuses.

lumineuse à jet vertical. On peut auss construire des fontaines à jets multiples et lancer les gerbes lumineuses dans toutes les directions; en employant simultanément plusieurs sources lumineuses, il est possible de donner à ces appareils une importance monumentale et d'obtenir de magnifiques effets.

Le succès éclatant remporté par la fontaine Gal-

loway aux Expositions de Londres, de Manchester et
de Glascow, en 1886, 1887 et 1888, et par les grandes
fontaines de l'Exposition de Paris, en 1889, ont ra-
mené l'attention sur les brillantes décorations qu'on
peut obtenir par ce moyen. M. Trouvé, qui a construit
pour les appartements de petites fontaines éclairées
par des lampes à incandescence, propose actuellement
d'élever une fontaine gigantesque, de 250 à 300 mètres
de hauteur, qui serait l'un des *clous* de la future
Exposition de 1900, ou tout au moins, si ce projet
rencontrait trop d'obstacles, d'établir une immense
cascade lumineuse, dont la tour Eiffel fournirait l'as-
sise. En attendant la réalisation de ces vastes projets,
M. Trouvé a inauguré récemment à Monte-Carlo, à
l'occasion de *la Damnation de Faust*, le 18 février 1893,
une cascade lumineuse ayant 8 mètres de hauteur et
8 de largeur. Le dispositif (*fig.* 76) diffère de celui que
nous avons décrit plus haut. Un tuyau horizontal en fer,
perforé de nombreux trous, laisse échapper la nappe
d'eau verticale qui forme la cascade, et qui est reçue
dans une cuve située sous le plancher. Ce tuyau, qui
traverse la scène, est masqué par un portant en forme
de T de 10 mètres de longueur, qui est garni, du côté
de la cascade, par 24 lampes à incandescence de 50
bougies, munies de réflecteurs paraboliques (*fig.* 77).
Entre les lampes et la cascade sont intercalés des
écrans en verres de couleur, qui se manœuvrent tous
simultanément, soit automatiquement, soit à la main.
C'est pendant la scène de la Course à l'abîme qu'on

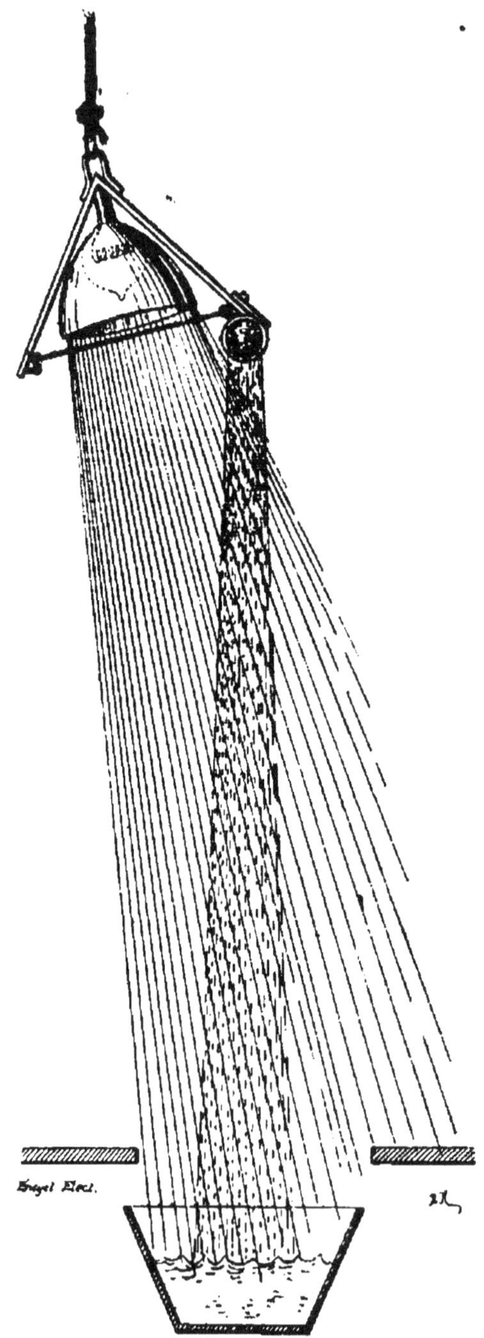

Fig. 76. — Cascade lumineuse de la *Damnation de Faust*.

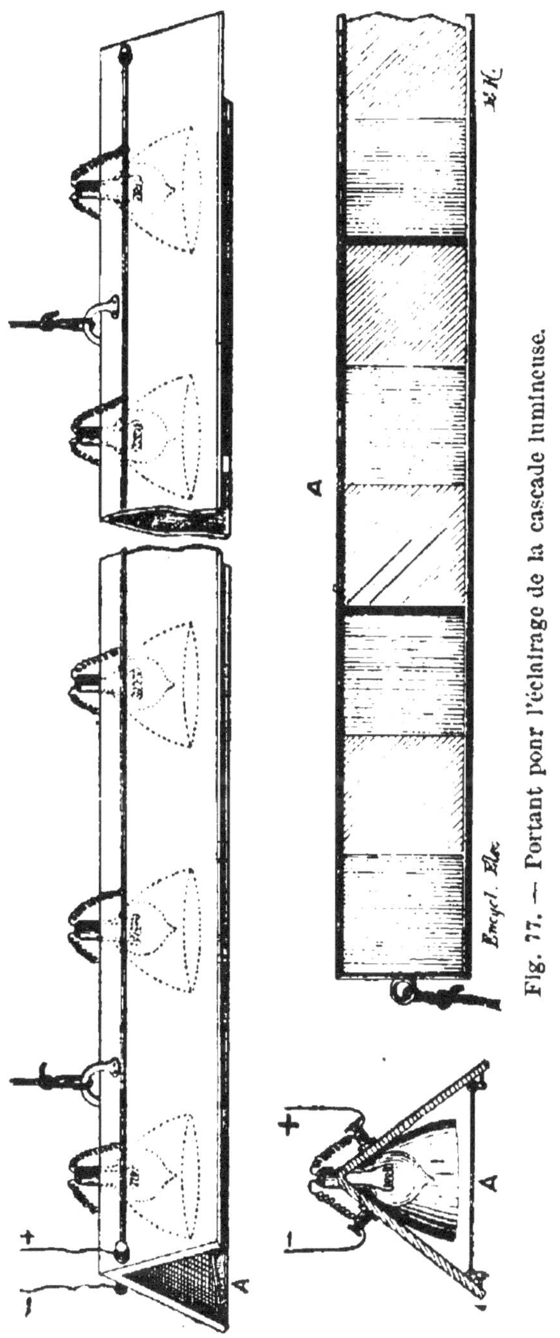

Fig. 77. — Portant pour l'éclairage de la cascade lumineuse.

admire cette fontaine d'un nouveau genre, tandis que Faust et Méphistophélès, représentés par MM. Jean de Reszké et Melchissédec, galopent sur Vortex et Giaour,

...ces deux noirs chevaux prompts comme la pensée,

représentés pour la circonstance par deux mannequins articulés. Au fond de la scène se déroule une longue toile représentant successivement les paysages qui correspondent aux diverses phases de la course. Au moment où Faust s'écrie : « Il pleut du sang! », la cascade, qui était d'abord d'un beau vert d'eau, prend une coloration rouge sang, grâce à la manœuvre des verres de couleur.

Nous devons ajouter que la disposition de cette cascade est celle qu'on emploie le plus souvent depuis quelques années; on ne se sert plus guère de l'expérience de Colladon, et l'on éclaire seulement la nappe d'eau à l'aide d'une ou de plusieurs lampes à arc ou à incandescence; c'est plus simple, et le résultat est aussi satisfaisant. La disposition des lampes et des réflecteurs du portant servant à obtenir l'éclairage de la cascade est montrée sur la figure 77, qui représente également en A l'écran en verres de couleur.

Une application de ce genre a été faite au théâtre de la Gaîté, en 1892, dans *le Pays de l'or*, pour représenter les chutes du Niagara. La lumière électrique éclairait une chute d'eau de 5 mètres de hauteur sur 16 de largeur, derrière laquelle était placée une toile peinte imitant les bouillonnements d'une cascade. Pour figurer la buée qui s'élève toujours d'une semblable chute, on avait placé en avant deux tuyaux parallèles à la cascade et dissimulés par le décor, d'où s'échappait, par un grand nombre de petits trous, de la vapeur d'eau qui montait lentement et sans produire aucun sifflement.

La partie la plus intéressante de ce truc était d'ailleurs étrangère à l'électricité : l'actrice principale de la pièce, Mlle Cassive, traversait ce Niagara artificiel à bicyclette, sur une corde raide, emportant avec elle un amateur assis sur un trapèze suspendu au cadre de la machine. Ce truc, qui est d'un effet saisissant, a été obtenu très facilement. La corde, formée de 48 fils d'acier entourés de chanvre et tressés, est parfaitement tendue, à 6 mètres au-dessus du plancher. Le guidon de la bicyclette est calé; les jantes des roues sont creuses et épousent parfaitement la forme du câble; enfin la base du trapèze, qui est en fer creux, porte deux poids en fonte à ses extrémités, de sorte que le centre de gravité se trouve placé très bas. La stabilité est donc parfaite, et il n'y a aucun danger; l'actrice n'a que la peine de manœuvrer les pédales pour faire avancer la machine.

Les robes de Peau-d'Ane. — Dans la féerie de *Peau-d'Ane*, qui a été reprise récemment, vers 1891, on a encore eu recours à la lumière électrique pour réaliser les robes couleur du soleil, de la lune et du temps, demandées par Peau-d'Ane. Au milieu d'un défilé brillamment éclairé, paraissent deux porteurs soutenant un coffre assez grand, qu'ils déposent par terre, devant le trône royal ; ils soulèvent alors le couvercle, qui laisse voir une étoffe jaune d'or, si brillante qu'elle fait pâlir l'éclat éblouissant du cortège. Deux autres porteurs amènent ensuite une autre boîte semblable, qui, ouverte, laisse apercevoir une étoffe d'un blanc légèrement bleuté et comme phosphorescent. On apporte enfin une troisième boîte contenant une étoffe d'un bleu céleste, éclatante comme les deux autres; c'est la robe couleur du temps. Les porteurs saisissent ces étoffes et les font chatoyer en les soulevant un peu au-dessus des boîtes.

Chacune de ces boîtes est déposée sur une trappe, qui s'ouvre aussitôt en glissant sous le plancher. Le fond de la boîte, tournant autour d'une charnière, se rabat dans la cavité ainsi produite, et une lampe électrique, enfermée dans une caisse analogue à celles décrites plus haut, envoie une vive lumière dans les plis de l'étoffe, qui apparaît brillante et comme en feu, lorsqu'on soulève le couvercle. Pour la robe couleur du soleil, la lumière est colorée en jaune, comme l'étoffe, par un verre transparent; pour la robe couleur du temps, l'étoffe et la lumière sont bleues. Enfin, pour obtenir la couleur de la lune, on se sert de lumière blanche et d'une tarlatane blanche légèrement bleuâtre. Quand on abaisse le couvercle de chaque caisse, le fond se referme également et la trappe vient reprendre sa place ordinaire. Cette disposition bien simple donne un des effets les plus éblouissants qu'on ait obtenus au théâtre.

IX

IMITATION DES PHÉNOMÈNES NATURELS

La lumière électrique sert depuis longtemps à figurer
un certain nombre de phénomènes météorologiques,
qui demandent une grande intensité ou une parfaite
instantanéité ; ces applications exigent pour la plupart
des appareils spéciaux, que nous allons faire connaître.

Aurore, nuit, etc. — Les variations d'intensité ou
de coloration qui se produisent aux différentes heures
du jour et de la nuit sont imitées généralement au
moyen de la rampe, qui renferme des lampes de deux
ou de trois couleurs. Le plus souvent on y trouve alternativement des lampes blanches et bleues ; les premières sont destinées à l'éclairage ordinaire, les
secondes servent à figurer la nuit ; on les remplace
par des lampes rouges ou d'une autre couleur dans les
représentations où la mise en scène l'exige. Il est
parfois utile d'associer à la production de ces effets
des lampes placées sur les portants ou en d'autres

points de la scène. Pour imiter l'aurore, on peut placer au fond de la scène, derrière une bande de décor d'une faible hauteur, une rangée de lampes à incandescence alternativement blanches, rouges et bleues. On allume d'abord les dernières, pour figurer la nuit, puis on lance successivement le courant dans les lampes rouges et dans les blanches. On se sert d'un commutateur ayant une forme telle que le courant diminue progressivement dans chaque série de lampes, tandis qu'il augmente peu à peu dans la série suivante, afin de montrer successivement les diverses teintes qui accompagnent le lever du jour.

On peut encore éclairer la scène avec un ou plusieurs projecteurs (*fig.* 69), devant chacun desquels on fait passer lentement un verre peint grossièrement des nuances successives de l'aurore. C'est le procédé employé au théâtre d'ombres du Chat noir, par exemple au premier tableau de *Phryné*. Le cadre portant le décor reste fixe et l'on fait passer derrière lui un verre peint. Comme la surface de ce verre n'est pas *au point*, la peinture peut être très grossière. A l'*Auditorium* de Chicago, on se sert d'un procédé un peu différent, que nous décrirons dans le chapitre des projections.

Lune. — Le truc employé pour figurer la lune est connu depuis longtemps; on se sert d'un disque translucide éclairé par derrière; les lampes à incandescence conviennent bien à cette application, car on peut régler l'intensité au moyen d'un rhéostat. Ainsi on peut facilement faire passer l'astre au rouge, pour le figurer à son lever, et augmenter ensuite l'intensité lumineuse. La figure 78 montre la lune, éclairée par

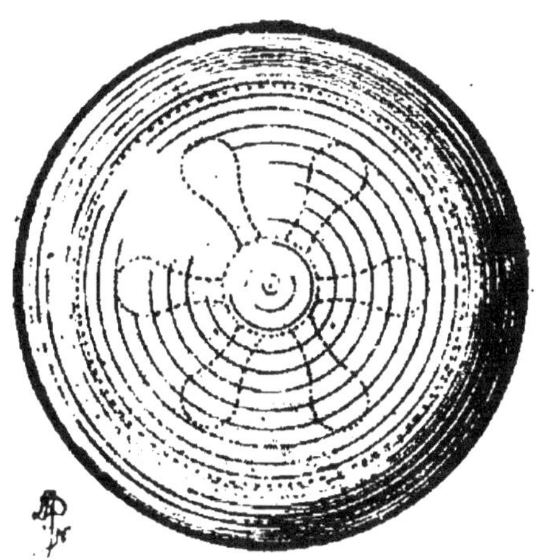

Fig. 78. — Disque pour la lune artificielle.

six lampes à incandescence, qui est employée à l'*Auditorium* de Chicago.

Soleil levant. — L'appareil employé au troisième acte du *Prophète* pour imiter le soleil levant se compose d'une lampe à arc portée par un support de bois et munie d'un grand réflecteur parabolique (*fig.* 79); en avant est placé un écran de soie, tendu sur un cadre, qui reçoit du réflecteur un faisceau de lumière cylindrique, formant une tache ronde qui représente le disque solaire. L'appareil tout entier, convenablement masqué par les décors, s'élève lentement au fond de la scène, de sorte que l'astre du jour semble monter peu à peu au-dessus de l'horizon.

Arc-en-ciel. — C'est dans l'opéra de *Moïse*, au

premier acte, qu'on appliqua pour la première fois l'électricité à la production de l'arc-en-ciel, en 1860. Dans le principe, on éclairait par derrière, avec des lampions à huile de gros calibre, une bande de papier

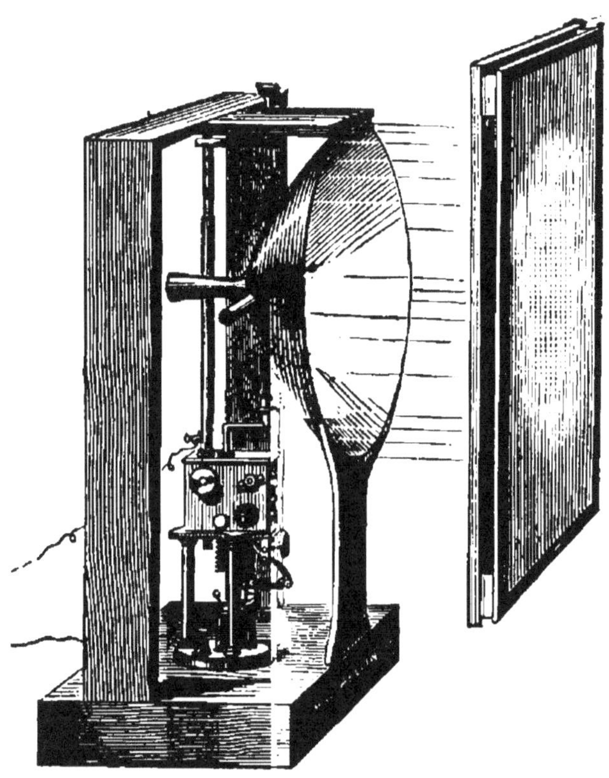

Fig. 79. — Appareil Duboscq pour figurer le soleil levant.

transparent, sur laquelle on avait peint l'arc-en-ciel, et qui était fixée sur la toile du fond représentant le ciel de Memphis. Ce procédé, trop imparfait pour produire la moindre illusion, avait en outre l'inconvénient de donner un arc peu éclairé, qui ne paraissait lumineux que si on laissait la scène dans une demi-obscurité; l'arc-en-ciel semblait donc en quelque sorte se former au milieu de la nuit, ce qui est en contradiction avec les lois de la nature, puisqu'il est dû aux rayons du soleil.

L'appareil imaginé par Duboscq évite ces incon-

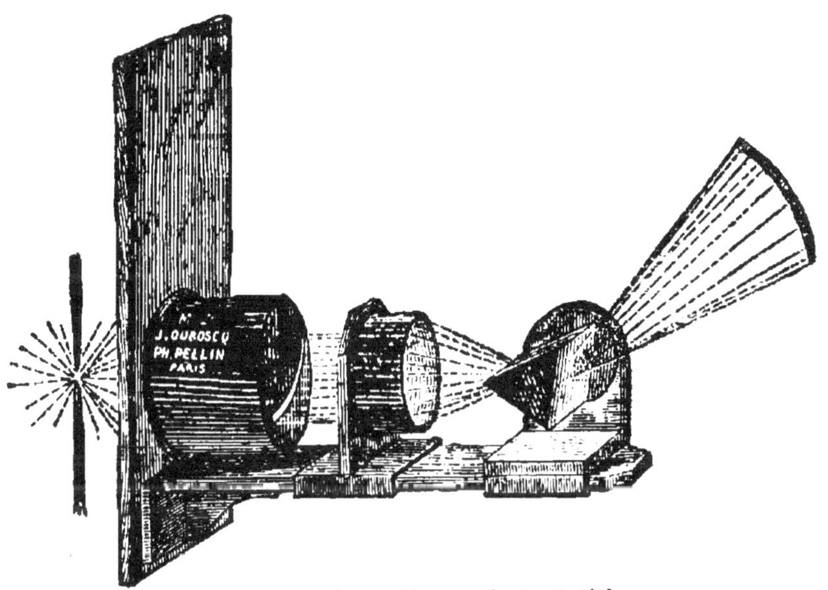

Fig. 80. — Appareil pour l'arc-en-ciel.

vénients, en produisant l'arc par un procédé qui se rapproche autant que possible de la nature. On sait qu'en recevant sur un prisme de verre les rayons d'une source lumineuse, on obtient une image, appelée spectre, qui présente les couleurs de l'arc-en-ciel; pour compléter l'illusion, il restait à donner à cette image la forme courbe qu'elle présente dans la réalité. L'appareil photo-électrique (*fig.* 80) est placé sur un échafaudage de hauteur convenable, à 5 mètres du rideau, et perpendiculairement à la toile qui figure le ciel sur lequel l'arc doit apparaître. Tout le système optique est fixé dans l'intérieur d'une caisse noircie qui ne diffuse aucune lumière à l'extérieur. Les rayons lumineux traversent d'abord un premier système de lentilles, qui les rend parallèles, puis un écran opaque, découpé en forme d'arc; ils passent ensuite à travers une lentille biconvexe, qui sert à augmenter la courbure de l'image et à lui donner une extension plus considérable, et traversent enfin le prisme qui doit les décomposer et produire le spectre figurant l'arc-en-ciel. Le prisme doit être placé de telle sorte que les couleurs apparaissent dans l'ordre naturel, c'est-à-dire le rouge en haut et le violet en bas.

Éclairs. — Imiter le bruit du tonnerre n'est pas chose difficile; tous les théâtres ont dans leur magasin d'accessoires un tambour et une plaque de tôle élastique qui suffisent très bien pour cet usage. Mais il n'est pas aussi aisé de produire des éclairs vraisemblables : c'est pourquoi l'on a déjà essayé dans ce but plusieurs dispositifs. A l'origine, on pratiquait dans la toile de fond une étroite découpure en zigzag qu'on éclairait par derrière à l'aide d'une flamme colorée en rouge. Cette disposition primitive a été remplacée par une autre, que nous croyons être encore en usage dans la plupart des petits théâtres ne possédant pas la lumière électrique. On se sert d'une sorte de grande pipe, dont le fourneau est rempli par une éponge imbibée d'alcool et saupoudrée de lycopode. En allumant et soufflant fortement par le tuyau, on produit dans la coulisse une grande flamme, qui illumine la scène comme un éclair pendant un instant très court.

Dans les grands théâtres, on emploie depuis longtemps l'électricité; mais il fallait trouver une disposition optique qui permît d'émettre et d'éteindre à intervalles rapides le faisceau lumineux, de façon à imiter la rapidité de l'éclair. Les appareils décrits plus haut ne pouvant remplir cette condition, Duboscq a imaginé pour cet usage un appareil spécial, désigné sous le nom de *miroir magique* ou *miroir à éclairs*.

En avant d'un miroir plan (*fig.* 81) se rencontrent les deux pointes de charbon entre lesquelles se forme l'arc voltaïque. Le charbon supérieur est fixe, mais l'autre peut recevoir un mouvement de recul. Pour cela, il est fixé à une tige de fer doux pouvant pénétrer dans l'intérieur d'un solénoïde, qui fait partie du circuit et qu'on voit derrière l'appareil. Tant que le courant ne passe pas, les charbons restent en contact sous l'action d'un ressort qui pousse celui du bas. Si l'on vient à fermer le circuit, le fer doux attiré pénètre dans l'intérieur du solénoïde, le charbon mobile recule et l'arc lumineux se forme, puis s'éteint aussitôt. Le charbon inférieur revient au contact, sollicité par le ressort, et l'appareil est prêt à produire un nouvel éclair.

Ce dispositif porte aussi le nom de miroir magique,

parce que ses faibles dimensions permettent de le
confier à un personnage en scène; sur une réplique,
l'appareil s'illumine spontanément et l'on peut ainsi
en tirer des effets magiques. C'est même sous cette

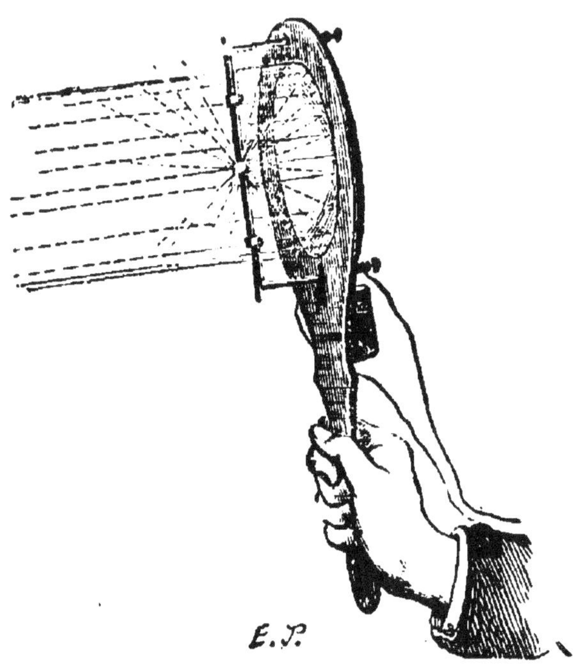

Fig. 81. — Miroir à éclairs.

forme qu'il a fait sa première apparition, sur la scène
des Variétés, dans les *Voyages de la Vérité*.

Le miroir à éclairs, qui a servi pendant de longues
années, commence à être un peu abandonné aujour-
d'hui et l'on cherche à faire mieux encore.

A l'Opéra, dans le *Mage* de M. Massenet, les éclairs
ont été obtenus par un procédé étranger à l'électricité.
On projette, sur une plaque treillagée et fortement

chauffée, un mélange de trois parties de magnésium en poudre et d'une de chlorate de potasse. La combustion brusque de ce mélange, combinée avec des flammes de lycopode, produit un effet très satisfaisant.

Dans beaucoup de théâtres, on a aussi d'excellents effets à l'aide d'un dispositif électrique des plus simples. On relie les deux pôles d'une source de potentiel assez élevé, environ 100 volts, l'un avec une grosse lime un peu usée, l'autre avec un charbon à lumière; en frottant le charbon sur la lime, on obtient, à la rupture de chaque contact, un arc voltaïque dont la lueur produit sur la scène un très bel éclair.

Au théâtre royal de Berlin et dans un certain nombre de théâtres d'Allemagne, les éclairs sont imités au moyen d'un dispositif spécial, contenu dans le jeu d'orgue, et qui permet d'allumer et d'éteindre instantanément une partie des lampes de la scène et de la rampe; ce dispositif est combiné de façon que cette brusque extinction ne puisse détériorer ni les machines, ni les autres lampes ou appareils placés dans le circuit. Le mécanisme comprend un cylindre horizontal, muni de languettes en cuivre qui se trouvent en face d'un nombre égal de fourchettes. Si l'on tourne le cylindre, les languettes métalliques viennent toucher l'une des pointes des fourchettes et fermer le circuit pendant un instant très court. Selon que le contact se produit avec les pointes supérieures ou avec les pointes inférieures des fourchettes, ce sont les lampes du côté cour ou celles du côté jardin qui brillent pendant un moment. On peut obtenir des éclairs de diverses intensités en faisant entrer dans la combinaison un nombre de lampes plus ou moins grand ou en employant des lampes de puissance variée.

Enfin, M. Trouvé a employé récemment à la Porte-Saint-Martin, dans le *Maître d'armes*, une autre disposition pour figurer, non plus la lueur de l'éclair, mais le trait de feu lui-même.

D'ordinaire, on pratique dans le décor une découpure en ligne brisée, derrière laquelle on fait naître une lumière vive et instantanée, soit avec du lycopode, soit par tout autre procédé. Les nécessités de la mise en scène n'ayant pas permis de recourir, dans le cas présent, à la méthode ordinaire, on s'est servi de la disposition suivante.

« A l'extrémité d'une longue tige très flexible, une gaule à pêche par exemple, est montée une petite lampe à incandescence, dont le foyer très concentré possède une grande puissance lumineuse ; un commutateur au pied permet d'établir ou de rompre le courant au moment précis. Avec ce dispositif, il suffit, à l'instant voulu, d'agiter vivement la tige en zigzag, de haut en bas, pour imiter la chute de la foudre sur la croix du tableau. Un coussin, si cela était nécessaire, amortirait le coup à l'arrivée et empêcherait la lampe de se briser. L'effet est complété par le bruit de la grêle, que l'on obtient en jetant à la main du gros sable ordinaire contre une claie en osier, et par le sifflement du vent, que reproduit à s'y méprendre le jeu d'une sirène ou de deux accouplées, actionnées par une pompe à double effet. Le même procédé avait été employé précédemment pour produire le bruit de l'ouragan dans le ballet de *la Tempête*, à l'Opéra. L'ensemble du tableau du *Maître d'armes* est saisissant et donne une imitation aussi parfaite que possible du phénomène naturel. »

X

PROJECTIONS ET FANTASMAGORIE

Projections. — Dans les effets de scène décrits
jusqu'ici, on se contente de projeter sur les personnages ou les objets une lumière extrêmement vive :
les sources électriques peuvent servir aussi à éclairer
des images analogues à celles des lanternes magiques, mais fournies par des appareils de projection
plus puissants.

On sait que ces appareils se composent essentiellement d'un système de lentilles convergent; en plaçant un objet transparent un peu au-delà du foyer
principal, on obtient une image réelle, renversée et
très agrandie. Pour éviter le renversement de l'image,
il faut placer l'objet lui-même renversé dans la lanterne.

Appareils de projection. — L'appareil simple est
généralement insuffisant pour les théâtres, car il ne
donne qu'une seule image à la fois; il faut donc, pour
passer d'un tableau à un autre, retirer le premier de la

lanterne avant d'y introduire le second. Pendant l'interruption, on doit, ou fermer l'objectif, ou laisser l'écran en pleine lumière, ce qui fait mauvais effet et nuit beaucoup à l'illusion. On se sert donc ordinairement d'appareils doubles ou multiples, appelés *polyoramas*, avec lesquels les projections peuvent se succéder sans interruption, en se fondant, pour ainsi dire, l'une dans l'autre, la première s'éteignant à mesure que la seconde acquiert plus de vigueur. Si l'on se sert, par exemple, d'un appareil double, on le règle d'avance de façon que les deux disques lumineux soient en parfaite coïncidence; au moment voulu, on introduit les deux premières vues dans les deux appareils et on éclaire seulement la première; ensuite on éteint peu à peu le premier appareil, tandis qu'on allume progressivement le second; la seconde vue remplace insensiblement la première, qu'on enlève alors de la lanterne pour la remplacer par la troisième, et l'on continue de la même manière.

Le passage d'une vue à la suivante peut s'obtenir automatiquement à l'aide de divers dispositifs. Le *dissolver* anglais (*fig.* 82) se compose de deux lames dentées, dont l'une passe lentement devant l'un des objectifs, de façon à le masquer graduellement, pendant que la seconde découvre peu à peu l'autre appareil. On peut se servir aussi de diaphragmes à ouverture variable, qui s'ouvrent ou se ferment graduellement.

En éclairant simultanément les deux lanternes, on peut obtenir des transformations successives d'une même vue, par exemple figurer une chute de neige sur la projection, ou un incendie, ou le lever du soleil, de la lune, etc. En se servant d'appareils triples, quadruples, etc., on augmente évidemment le nombre des effets qu'on peut obtenir simultanément; on se contente ordinairement de l'appareil triple, ceux qui contiennent un plus grand nombre de lanternes étant

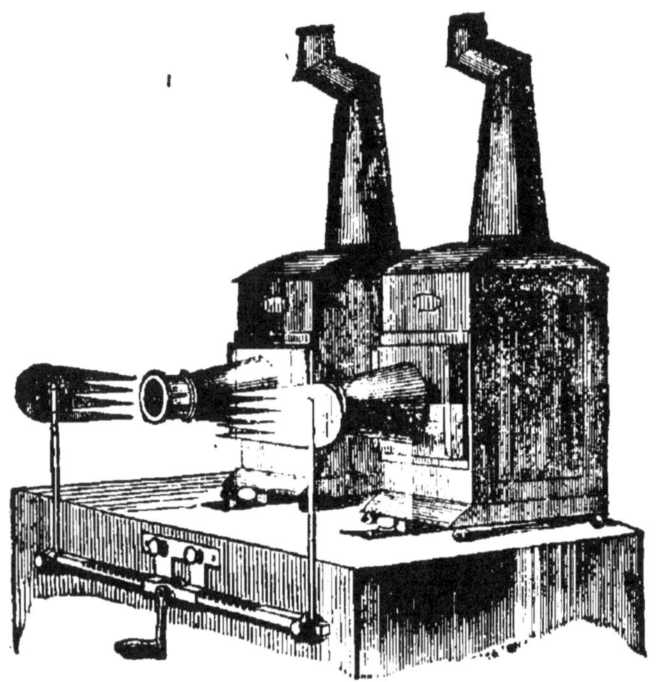

Fig. 82. — Appareil double de projection avec dissolver anglais.

trop embarrassants; c'est un appareil de ce genre qu'on emploie de temps en temps au Châtelet; ainsi, dans la pièce *Coco félé*, on a projeté 20 tableaux de 5 mètres sur 6 mètres et 12 tableaux de même grandeur dans *Orient-Express*.

Projections par transparence. — Les projections peuvent être faites par transparence ou par réflexion. Dans le premier cas, on place l'appareil derrière la toile de fond, qui doit être suffisamment transparente, et il se trouve complètement dissimulé. Il faut observer que la distance de l'appareil à l'écran doit être proportionnelle au grossissement qu'on veut obtenir; il faut donc, si l'on veut des images un peu grandes, avoir derrière la toile de fond un recul assez considérable, ce qui n'est pas toujours possible. Ce procédé a été notamment employé à l'Opéra-Comique, en 1889, au second acte d'*Esclarmonde*, lorsque la princesse de Byzance, par son pouvoir magique, fait apparaître divers tableaux représentant le chevalier Roland.

Projections par réflexion. — Il arrive souvent, soit qu'on n'ait derrière la toile de fond qu'une profondeur insuffisante, soit pour toute autre raison, qu'on est obligé de projeter par réflexion; l'appareil doit alors se trouver sur la scène même, en avant du décor, et cependant n'être pas vu du public. Une disposition de ce genre fut employée par M. Molteni au Théâtre Italien, il y a plus de vingt-cinq ans, pour projeter la chasse infernale, dans *Robin-des-Bois*. On s'était d'abord servi d'une toile peinte qui se déroulait, mais on eut ensuite recours aux projections, qui donnèrent un meilleur résultat. Comme il n'existait derrière la toile de fond qu'un espace très restreint, et que la projection devait couvrir toute cette toile, on avait dissimulé l'appareil derrière un rocher, placé sur le devant de la scène et à gauche. Le faisceau lumineux était un peu oblique, mais la netteté était cependant suffisante; on aurait pu remédier à ce petit défaut en inclinant un peu le décor du fond, pour le rendre à peu près perpendiculaire au faisceau lumineux. On peut encore, dans certains cas, disposer l'appareil dans le trou du souffleur ou sur un pont placé au-dessus de la scène.

Appareils de l'Auditorium. — Les appareils de

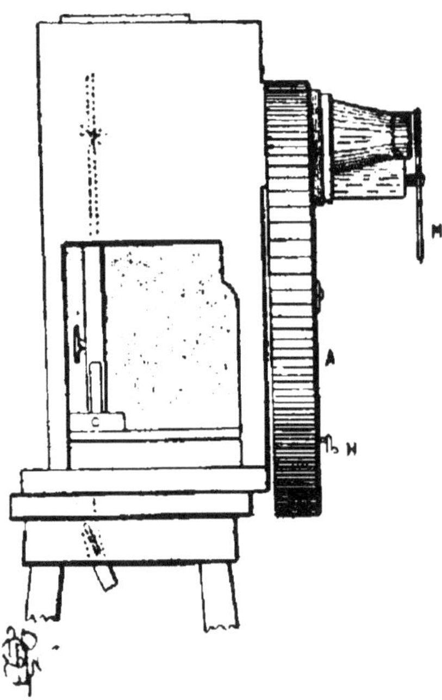

Fig. 83. — Lanterne de projection de l'Auditorium.

projection sont employés à chaque instant dans les théâtres pour obtenir une foule d'effets variés, tels que : bande de nuages qui passe sur le ciel ou qui cache la lune, destinée à apparaître à un certain moment, roue peinte pour imiter une chute d'eau, etc. Ces procédés sont fréquemment employés à l'*Auditorium* de Chicago, dont nous avons fait connaître plus haut la magnifique installation. La lanterne, d'une construction très simple (*fig.* 83), renferme une lampe électrique sans mécanisme, qui se règle à la main et qui suffit pour les effets de courte durée ; elle se meut sur des rails, placés derrière la toile de fond, qui est parfaitement transparente, et peut recevoir ainsi le recul nécessaire, suivant le grossissement qu'on dé-

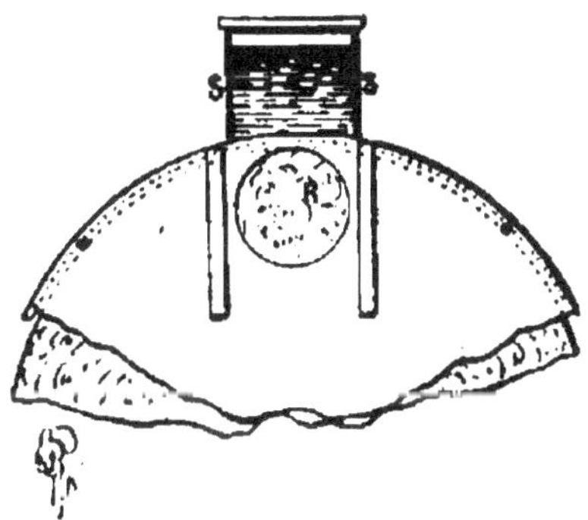

Fig. 84. — Disque tournant pour la représentation des nuages.

sire. Les objets qu'on veut projeter sont peints en couleurs transparentes sur la partie périphérique d'un disque de verre auquel la manivelle H communique une rotation lente autour de son centre ; ils viennent passer successivement devant l'objectif, qui les projette sur la toile de fond. C'est ainsi qu'on obtient les nuages (*fig.* 84) ; dans ce cas, on place au-dessus du disque un verre S, peint des diverses couleurs du spectre ; il suffit d'appuyer le doigt plus ou moins fortement sur ce verre pour faire varier la coloration des nuages.

Les éclairs de diverses formes sont peints sur le pourtour d'un disque semblable au précédent; mais, pour obtenir la rapidité d'apparition et l'espèce de tremblement qu'on observe dans l'éclair naturel, on se sert d'un second disque opaque, percé de deux ouvertures très voisines, auquel on donne la vitesse voulue au moyen d'un pignon multiplicateur. Chaque fois que les deux trous passent l'un après l'autre devant l'objectif, ils laissent voir, pendant un instant très court, l'éclair qui se trouve en ce point. Après un tour entier, ils laissent voir l'éclair suivant. Comme il y a deux ouvertures, chaque éclair est vu deux fois, à intervalles très rapprochés, ce qui produit le tremblement cherché.

Le mouvement des vagues s'obtient en faisant passer devant l'objectif deux verres portant des ondulations et tournant en sens contraire.

La lune de « Salammbô ». — A l'Opéra de Paris, dans *Salammbô*, on a employé les projections pour figurer la lune, qui monte peu à peu dans le ciel; l'appareil de projection est disposé sur un praticable et se déplace pour faire décrire à l'astre une trajectoire en forme d'arc de cercle.

La chevauchée des Walkyries. — Nous citerons enfin l'application récente des projections, faite à l'Opéra de Paris, au troisième acte de la *Walkyrie*. Il s'agissait de représenter la course folle des belli-

Fig. 85. — La chevauchée des Walkyries.

queuses filles de Wotan à travers l'espace; à Bruxelles,
on s'était contenté de faire passer à travers la scène
une série de cartonnages incapables de produire là
moindre illusion; à l'Opéra, on a eu recours à la lumière électrique.

La scène (*fig.* 85) représente un site sauvage cou-
vert de rochers; à l'horizon, on voit courir les nuages.
Au moment voulu, la troupe des Walkyries traverse
le ciel, dans toute la largeur de la scène. Voici le
dispositif employé : la toile de fond est en tulle
peint en bleu et très transparent, mais la projection
des nuages se fait cependant par réflexion. Cinq lanternes système Duboscq sont dissimulées derrière les
rochers, en avant de la scène; elles sont munies de
disques en verre de 60 centimètres de diamètre, qui
tournent; les peintures des disques n'ayant ni commencement ni fin, on peut continuer la projection pendant
tout le temps voulu, soit environ une demi-heure.

Derrière la toile transparente est disposé un immense praticable, qui occupe toute la largeur de la
scène, soit plus de 30 mètres, et qui a 6 mètres de
hauteur à l'une de ses extrémités, et 9 à l'autre. C'est
sur le haut de ce praticable, formant en quelque sorte
des montagnes russes, que glissent les chevaux en
bois portant les figurantes qui représentent les Walkyries; ces chevaux, munis de galets, sont entraînés
par un câble muni d'un contrepoids. Pendant cette
chevauchée, les Walkyries et leurs coursiers, fortement éclairés par un puissant faisceau électrique pa-

rallèle à la toile de fond, deviennent parfaitement visibles à travers cette toile et les nuages qui s'y projettent. Le praticable, qu'on laisse dans une obscurité complète, n'est pas visible, et les immortelles guerrières paraissent suspendues dans l'espace.

Fantasmagorie. — Les projections peuvent servir aussi à produire des spectres et des apparitions fantastiques, quoique ces effets puissent s'obtenir par un autre procédé, indiqué plus loin, et qui donne généralement de meilleurs résultats. Les projections conviennent surtout lorsqu'on désire avoir des images fantasmagoriques, dont la grandeur varie de manière à faire croire que l'apparition s'approche ou s'éloigne des spectateurs. On opère alors nécessairement par transparence et l'on se sert d'un appareil spécial, monté sur des roues garnies d'étoffe, de sorte qu'on puisse l'approcher ou l'éloigner de l'écran sans le moindre bruit; le mouvement des roues communique à l'objectif un déplacement convenable pour que l'image ne cesse pas d'être nette. D'autres appareils peuvent agrandir ou diminuer l'image sans se déplacer : il suffit de faire varier à l'aide d'une vis la distance de la lentille objective à l'objet placé dans la lanterne. Des effets de ce genre ont été utilisés notamment dans le ballet *le Papillon* et dans l'opéra *les Troyens*.

Théâtre optique. — Tout le monde connaît les appareils (phénakisticope, praxinoscope, etc.), qui utilisent la persistance des impressions lumineuses sur la rétine pour effectuer la synthèse des phases successives d'une action. Ces phases sont représentées sur un disque ou une bande animés d'un mouvement de rotation assez rapide et passent successivement devant l'œil de l'observateur, qui croit voir une image unique accomplir les mouvements représentés.

Le Théâtre optique, récemment imaginé par M. Reynaud, permet de réaliser une synthèse analogue pour une suite considérable d'actes, formant des scènes entières, et de projeter sur un écran translucide la série de tableaux ainsi obtenus.

Une toile fine et bien tendue est disposée comme pour les projections : elle est vivement éclairée, du côté opposé au public, par une lanterne électrique placée à la hauteur de son centre et qui projette en même temps à sa surface une vue sur verre figurant le décor où l'action doit se dérouler. Les différentes scènes qui constituent cette action sont reproduites, par un procédé spécial d'impression en couleurs, sur une longue bande cristalloïde, suffisamment transparente. Cette bande, disposée à l'intérieur d'un grand cylindre, est mue par l'opérateur, qui peut, au moyen de deux manettes, la faire avancer ou reculer; elle passe entre une seconde lanterne électrique, placée au-dessous de l'écran, et un objectif, qui projette le faisceau lumineux sur un miroir plan incliné, disposé au-dessus de la première lanterne; celui-ci, à son tour, renvoie les rayons sur l'écran, où une image nette de la bande se superpose à celle du décor.

Pour produire l'illusion convenable, il faut que les diverses images se succèdent sur l'écran sans la moindre solution de continuité. Le Théâtre optique réalise cette condition par sa construction même, de telle sorte que le défilé des images peut être interrompu à tout instant sans que la scène représentée sur l'écran cesse d'être visible; on peut donc se permettre, dans le déroulement de la bande, des repos et des répétitions qui augmentent la vérité de l'effet et la durée de la scène. Grâce à ces conditions, on peut obtenir des pièces qui durent quinze ou vingt minutes, sans exiger une trop grande longueur de bande : ainsi la pantomime *Pauvre Pierrot!* qui montre trois personnages : Pierrot, Arlequin et Colombine. Cet appareil présenterait encore un plus grand intérêt si on l'employait à projeter des photographies successives d'une même action, telles que celles obtenues par M. Marey.

XI

SPECTRES ET ILLUSIONS D'OPTIQUE

Spectres impalpables. — Outre l'emploi de la
lumière électrique pour éclairer un acteur représentant un spectre (*Hamlet*), on utilise depuis longtemps
la grande intensité de ce mode d'éclairage pour produire une illusion d'optique très surprenante, qui
figure l'apparition de véritables spectres sur le théâtre.

Cette illusion remonte à près d'un siècle ; on en
trouve des descriptions dans les *Mémoires* du physi-
cien liégeois Etienne-Gaspard Robertson (1762-1837),
qui imagina les fantasmagories par projections. Ce
truc fut entièrement transformé, il y a une trentaine
d'années, par Robin, qui employa des images de
personnes vivantes. Les représentations données par
ce prestidigitateur, dans son petit théâtre du boulevard
du Temple, et dans lesquelles il faisait un fréquent
usage de la lumière électrique, alors peu connue du
public, celles de Cleverman, qui employait des procé-

dés analogues, obtinrent un très vif succès. Des apparitions fantastiques du même genre furent produites, à la même époque (1863), au théâtre du Châtelet, dans le *Secret de miss Aurore*.

En 1868, au théâtre de l'Ambigu, dans une pièce intitulée *la Czarine*, les apparitions de spectres étaient employées pour produire le dénouement; la scène avait été réglée par Robert-Houdin lui-même. Il s'agit de démasquer un imposteur qui se fait passer pour Pierre III.

« Un sarcophage sort d'un rocher, il se dresse, il s'ouvre et laisse apparaître un fantôme recouvert d'un linceul. Le tombeau retombe, le spectre reste debout; le haut du linceul tombe et on voit apparaître les traits livides de l'ex-souverain. Le faux czar tire son sabre et, d'un seul coup, il lui tranche la tête, qui roule à terre avec fracas. Tout aussitôt, la tête vivante de Pierre III apparaît sur le corps du fantôme; le faux czar affolé se précipite sur le spectre dont le corps retombe dans le sarcophage, mais dont la tête reste à la même place, suspendue, les yeux fixés sur ceux de l'usurpateur. Celui-ci frappe la tête de son sabre; le sabre passe au travers. Alors, sous cette tête apparaît le corps de Pierre III, en grand costume et revêtu de ses insignes... Le faux czar confondu avoue ses crimes et le fantôme disparaît [1]. »

L'apparition n'est autre chose que l'image, donnée

---

[1] *Magie et physique amusante* de Robert-Houdin, p. 98.

par une glace sans tain, d'une personne placée dans
le premier dessous et fortement éclairée par un régulateur à arc voltaïque. En réalité, si l'on n'emploie
qu'une seule glace, l'image est nécessairement inclinée, si la personne se tient à peu près verticale, ce qui
est nécessaire pour qu'elle puisse marcher ou accomplir d'autres mouvements, et ce défaut est surtout
sensible pour les spectateurs placés sur les côtés.
L'image est parfaitement verticale si l'on a recours à
deux surfaces réfléchissantes.

L'acteur, placé dans un trou pratiqué sur le devant
de la scène, reçoit d'une lampe électrique, disposée
dans une lanterne, un faisceau lumineux très intense,
à travers une première glace sans tain inclinée à
45 degrés (*fig.* 86). Cette glace, fonctionnant comme
un miroir, renvoie la lumière émise par la personne
éclairée sur une seconde glace parallèle qui la réfléchit
à son tour vers les spectateurs. Il se forme ainsi deux
images successives A′B′ et A″B″; la dernière, qui est
seule visible de la salle, est verticale et paraît située
sur le plancher du théâtre, si la distance des glaces
a été bien calculée. La salle est plongée dans une
obscurité complète, pour qu'on ne voie aucun objet
se refléter sur la seconde glace.

L'éclairage de la scène est réglé pour qu'on puisse
voir simultanément les spectres par réflexion sur la
glace et les acteurs par transparence à travers celle-ci.
Les mouvements des spectres doivent être calculés de
manière à se combiner avec ceux des acteurs. Les

fantômes ainsi obtenus ont un aspect diaphane et transparent qu'on ne peut obtenir par aucun autre procédé; ils laissent apercevoir les objets placés derrière eux; ils peuvent être impunément maltraités par les acteurs et même transpercés par une épée; enfin il suffit d'ouvrir ou de fermer rapidement la lanterne

Fig. 86. — Production des spectres au théâtre.

pour provoquer leur apparition ou leur évanouissement.

Il faut, dans ces expériences, se servir de glaces et non de plaques de verre ordinaire; la moindre aspérité compromettrait la netteté de l'image. On règle l'inclinaison des glaces pour que les spectres paraissent verticaux et en contact avec le plancher pour les spectateurs de l'orchestre et de la première galerie; pour ceux qui occupent les places plus élevées, les images, tout en restant verticales, ne semblent plus toucher le sol.

Il peut arriver qu'on n'ait pas, dans les dessous de la scène, une place suffisante pour y installer le matériel précédemment indiqué. On peut alors disposer dans les coulisses les appareils nécessaires. On place, sur le devant de la scène, une glace transparente *verticale*, mais faisant un angle de 45 degrés avec la rampe; l'acteur, vivement éclairé, qui doit figurer le spectre, est dans la coulisse, du côté correspondant à la face antérieure de la glace; une ouverture suffisante ayant été ménagée dans le décor qui ferme ce côté de la scène, la glace donne du personnage une image virtuelle, qui semble placée en face du public; mais la scène est coupée obliquement par la glace.

Les apparitions fantastiques peuvent aussi s'effectuer, dans certains cas, à l'aide d'appareils fantasmagoriques, comme nous l'avons indiqué dans le chapitre précédent.

Modifications de l'expérience des spectres. — Depuis les expériences de Robin, le truc des spectres a été bien souvent modifié pour produire de nouvelles illusions d'optique : tels sont le *décapité parlant*, exhibé pour la première fois en Angleterre par le colonel Stodare, et les nombreuses imitations qui en ont été faites depuis, comme la *demi-femme*, le *buste isolé*, la *femme à plusieurs têtes*, *Stella*, etc. L'un de ces trucs, qui a figuré en 1884 au célèbre théâtre de prestidigitation *Egyptian Hall*, à Londres, était bien amusant. Un médecin et son client se

livrent sur la scène à un dialogue des plus animés ;
le malade s'étant assis dans un fauteuil, le médecin
lui coupe la tête et la pose sur une table. La tête
coupée lui adresse alors de vifs reproches, auxquels
s'associe, par des gestes énergiques, le corps sans
tête, qui s'est levé de son siège. Le décapité prend
enfin sa tête sur son bras et continue ainsi la con-
versation.

Ces expériences et un grand nombre d'autres
analogues sont fondées simplement sur l'emploi de
miroirs habilement disposés, et n'exigent qu'un
éclairage ordinaire ; elles n'ont donc rien de commun
avec l'électricité et nous ne pourrions les décrire ici
sans sortir de notre sujet. Nous citerons seulement
comme exemples quelques dispositions qui nécessitent
l'éclairage intense de la lumière électrique.

En 1889, on a exhibé, dans les fêtes foraines et dans
quelques établissements publics de Paris, une variante
des spectres désignée sous le nom d'*Amphitrite*. L'ouverture circulaire de la scène laisse apercevoir, au
fond, une toile représentant le ciel et les nuages, et
une toile de premier plan figurant l'eau de la mer. Au
commandement du barnum : « Amphitrite, appa-
raissez! » une femme en maillot clair s'élève peu à
peu au-dessus de l'onde, reste isolée dans l'espace,
agite gracieusement les bras et les jambes, et décrit
même une circonférence entière ; enfin, elle se tient
droite dans la position du nageur qui va piquer une
tête, et disparaît derrière les flots de l'Océan en carton

peint. Cette illusion s'obtient très simplement à l'aide d'une glace sans tain inclinée à 45 degrés; la femme vêtue d'un costume clair et pailleté est placée dans le dessous, couchée horizontalement sur un plateau absolument noir; elle est vivement éclairée par la lumière électrique, tandis que le décor est beaucoup plus sombre; de cette manière, l'image verticale donnée par la glace est assez vive pour être confondue avec la réalité. Enfin l'ascension, la descente et la rotation de l'image s'obtiennent en communiquant des mouvements du même genre au plateau qui porte la véritable Amphitrite.

Le *Mystère du docteur Lynn*, exhibé aux Folies-Bergères en 1884, semble produit d'une manière un peu différente. Au milieu d'une scène dont le fond paraît absolument noir, se détache, vivement éclairé, le buste d'une jeune femme, placé sur le banc d'une petite escarpolette. La femme est vivante, et le buste paraît bien isolé, car le barnum passe une baguette au dessous et autour, pour le montrer, et fait osciller légèrement l'escarpolette à droite et à gauche. Cette illusion pourrait sans doute s'obtenir par des glaces, quoique plus difficilement que les précédentes, puisque le sujet n'est pas immobile. Il paraît plus probable qu'elle est due à un effet d'éclairage. La partie inférieure du buste est un mannequin fixé sur l'escarpolette et sur lequel repose le haut du corps de la jeune femme, qui est étendue à peu près horizontalement sur une planchette ou un hamac perpendiculaire à l'escarpolette et suspendu de manière à pouvoir osciller avec elle. Cet appareil et le corps du sujet sont soigneusement dissimulés par des draperies d'un noir mat, disposées de façon à n'accrocher la lumière en aucun point. Au contraire, le buste et l'escarpolette sont très vivement éclairés; les cordes brillantes de cette dernière se détachent sur le fond obscur, ainsi qu'une chaîne métallique et une épée nue suspendues au-dessous de la planchette, et un mouchoir blanc tombé comme par hasard sur le devant de la scène. L'œil se porte involontairement sur ces objets qui l'éblouissent et ne distingue plus rien dans le fond très obscur, où se trouve la clef du mystère. Pour achever de gêner la vue des spectateurs, six fortes lampes à réflecteurs sont placées des deux côtés de la scène, sous le prétexte d'éclairer la salle.

Spectres fondants. — Les spectres fondants (*Dissolving specters*) présentent une modification du dispositif ordinaire des spectres. Ils consistent à faire apparaître, successivement et à la même place, divers objets qui se transforment et se remplacent les uns les autres sans interruption. Robert Houdin a fréquemment employé ce truc et en a tiré de très curieux effets. Cette illusion s'obtient en plaçant un objet sur la scène et un autre dans le dessous; des glaces sans tain, disposées comme pour les spectres, peuvent donner de ce dernier une image qui coïncidera avec le premier, si les positions ont été bien réglées d'avance. Suivant qu'on éclairera seulement le premier ou le second objet, en laissant l'autre dans l'obscurité, le public verra le premier ou l'image du second, et, si l'on gradue habilement l'extinction de la première source lumineuse et l'allumage de la seconde, on croit voir un même objet se transformer et changer progressivement d'aspect.

Métempsycoses. — Les spectres fondants ont reparu depuis quelques années sous le nom de *métempsycoses*. Au fond d'une grande ouverture, légèrement conique et tendue de noir, on voit une cavité cubique d'environ 60 centimètres de côté, renfermant, par exemple, une tête en plâtre vivement éclairée. Au bout de quelques instants, la tête s'anime, les paupières battent, la peau se colore et la tête de plâtre est remplacée par une tête de femme parfaitement vivante, qui peut remuer les yeux, la bouche, s'incliner légèrement et même prononcer quelques mots. Puis, par une transformation inverse, la tête vivante redevient une tête de plâtre, qui se transforme aussitôt à son tour en une affreuse tête de mort. De cette dernière paraît tout à coup sortir un bouquet, et la tête elle-même se change en un vase supportant le bouquet; le vase devient à son tour un bocal de poissons rouges, qui est enfin remplacé par la tête de plâtre primitive. Il est évident que cette série de transformations pourrait être continuée indéfiniment; nous nous sommes borné à citer quelques exemples.

Il est facile de comprendre que les divers objets ainsi présentés au public sont vus alternativement par

réflexion ou directement. Une glace sans tain, verticale, est placée en biais, à 45 degrés environ (*fig.* 87),
en avant de la cavité qui renferme la tête de plâtre A,
vivement éclairée par des sources de lumière telles
que L L'. L'autre objet, par exemple la tête de femme,
est en B, dissimulé par les parois du théâtre; il est

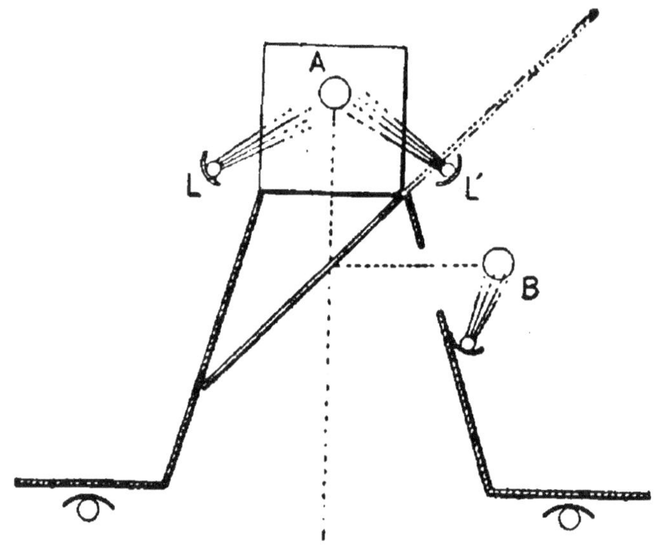

Fig. 87. — Principe des métempsycoses.

également bien éclairé. L'objet B est vu par réflexion,
A directement. Pendant qu'on éclaire pour la seconde
fois la tête de plâtre, on met une tête de mort à la
place même qu'occupait la tête de la personne vivante;
pendant que cette tête de mort est visible, on peut
enlever la tête de plâtre, qui n'est plus éclairée, et la
remplacer par le bouquet, puis on continue de même.

Il est commode d'employer, pour l'éclairage, des
lampes à incandescence, dont on peut régler facilement l'intensité au moyen de rhéostats.

On peut encore augmenter l'illusion par quelques
artifices : ainsi, on place, de chaque côté de la scène,
des lampes munies de réflecteurs qui éclairent vivement
la salle et font paraître plus noir le fond du théâtre.
On peut aussi mouler la tête de plâtre sur celle de la
personne vivante, pour que la superposition des deux
images soit aussi complète que possible. Enfin, le
barnum, qui préside à l'exhibition, peut prendre à la
main la tête de plâtre ou le bouquet et les faire
circuler dans le public : il suffit pour cela que la
glace sans tain ne descende pas tout à fait jusqu'au
bas de la cavité qui renferme l'objet A, ou qu'elle
puisse glisser dans une rainure et rentrer un instant
dans la coulisse du côté gauche.

On pourrait employer à des effets analogues les
glaces métallisées par une couche de platine, que
fabriquent MM. Dodé. Lorsque ces glaces sont éclairées par devant, elles forment un miroir parfait et
réfléchissent les objets placés de ce côté de leur
surface; quand on les éclaire du côté métallisé, elles
deviennent transparentes et laissent apercevoir les
objets placés derrière elles.

**Illusions produites par l'éclairage des toiles
métalliques.** — Des illusions intéressantes peuvent
encore être obtenues à l'aide de toiles métalliques,
qui paraissent transparentes ou opaques, suivant
qu'elles sont éclairées par derrière ou par devant.
C'est ainsi qu'on obtenait à l'Hippodrome, en 1890, le
décor de *Jeanne d'Arc*. Une toile métallique, de

forme elliptique, entourait complètement la piste; elle était retenue dans le cintre, équilibrée par des contrepoids, et maintenue à ses deux extrémités, supérieure et inférieure, par deux barres métalliques.

Au moment voulu, on éteint les lampes électriques qui éclairent la piste, et l'on descend la toile métallique, qui paraît transparente pour les spectateurs; au bout d'un instant, on inverse l'éclairage; les lampes électriques qui éclairent le pourtour de la salle sont éteintes, et celles de la piste se rallument. La lumière étant concentrée à l'intérieur de la toile, on se trouve transporté sur la place du Vieux-Marché, à Rouen.

Pour chacun des spectateurs, la partie de la toile la plus rapprochée reste transparente, mais le côté opposé devient opaque; chacun voit donc la partie du décor qui se trouve en face de lui, et qui complète l'illusion en cachant les spectateurs placés derrière. Un artifice analogue a été employé pour l'apparition du commandeur, dans *Don Juan*, la vision de *Faust*, l'apparition de saint Corentin, dans *le Roi d'Ys*, le rêve de Mathis, dans *le Juif polonais*, joué au théâtre Cluny en 1869, puis en 1879. Au dernier acte, la toile de fond, qui représente la chambre de Mathis, est peinte sur toile métallique. Lorsque Mathis a disparu dans l'alcôve, on plonge la scène dans l'obscurité, et l'on éclaire vivement la scène du tribunal, qui est disposée derrière la toile métallique, et qui devient parfaitement visible.

XII

OMBRES CHINOISES

Nous avons indiqué, dans les chapitres précédents, l'emploi de la lumière électrique, soit pour éclairer les acteurs en scène, soit pour projeter, sur la toile de fond, des apparitions ou des scènes de divers genres. Elle peut servir encore à éclairer une toile transparente sur laquelle se projettent des ombres opaques. La toile doit être bien fine et aussi transparente que possible; un verre finement dépoli vaudrait mieux, mais serait trop embarrassant et trop fragile; lorsque c'est possible, il est bon de mouiller la toile, ce qui augmente la transparence. La lampe électrique se place du côté opposé aux spectateurs, qui doivent être dans une obscurité complète; elle doit éclairer l'écran bien uniformément; dans les cas ordinaires, il est bon que l'axe du faisceau lumineux soit perpendiculaire au centre de l'écran.

Ombres de personnages vivants. — Les ombres

14

sont quelquefois produites par des personnages vivants, dont les mouvements peuvent être combinés pour produire des effets variés et inattendus. Ainsi, au Châtelet, dans *les Pilules du Diable* (1890), tous les acteurs passaient au dernier acte derrière une toile transparente éclairée : on voyait leur ombre grandir rapidement, de façon que la tête et le corps disparaissaient bientôt au-dessus de la toile, et l'acteur, sautant en l'air, paraissait s'envoler vers les combles. Cet effet s'obtient facilement en disposant la lanterne électrique à la surface du sol : l'ombre, qui est de grandeur naturelle lorsque l'acteur se tient près de l'écran, devient de plus en plus haute à mesure qu'il se rapproche de la lanterne; il suffit alors que le personnage saute à une petite hauteur pour se trouver en dehors du faisceau lumineux et son ombre disparaît par le bord supérieur de l'écran. Il est vrai que l'ombre devient moins nette à mesure que la personne s'éloigne de l'écran, mais ce petit défaut ne se remarque pas, si les mouvements sont exécutés avec une rapidité suffisante.

Ombres produites par des silhouettes découpées. — Le plus souvent, les ombres sont produites par des silhouettes découpées qu'on fait passer devant la toile; c'est ainsi qu'on obtient les *ombres chinoises* qui, il y a déjà bon nombre d'années, constituaient le répertoire du théâtre de Séraphin. La machination des théâtres d'ombres ayant reçu, dans ces dernières années, des perfectionnements notables qui permet-

Fig. 88. — Ombres de Caran d'Ache.

tent de réaliser les effets les plus variés, nous croyons intéressant de donner quelques explications à ce sujet.

M. Caran d'Ache a présenté le premier au théâtre d'application, rue Saint-Lazare, en 1888, des ombres chinoises, dessinées par lui et baptisées du nom d'*ombres françaises*, pour les distinguer de toutes les créations similaires, auxquelles elles étaient, du reste, bien supérieures. On put admirer là, dans son ensemble, l'œuvre de ce charmant et spirituel artiste, les prouesses militaires de la République et de l'Empire : *Wattignies*, *l'Epopée*, *une Vision dans la steppe*, et les scènes d'actualité, telles que : *le Retour du bois*, dans lesquelles la perfection des silhouettes permet de reconnaître toutes les célébrités du jour. Depuis cette époque, ce genre de spectacle s'est un peu répandu; le théâtre du Chat-Noir continue à faire admirer les créations de Caran d'Ache et de quelques autres artistes, et le prestidigitateur Alber donne, dans les salons, des représentations analogues. La figure 88 représente une scène des ombres de Caran d'Ache.

Installation d'un théâtre d'ombres; décors. — Un théâtre d'ombres comprend d'abord une toile transparente d'environ 1,50 à 2 m. de largeur, sur 0,80 à 1 m. de hauteur, entourée d'un panneau opaque de grandeur suffisante pour séparer les coulisses de la salle; un rideau masque la toile pendant les entr'actes pour faciliter les manœuvres et les changements de décors. La partie inférieure de la toile doit être assez élevée pour que la tête des opérateurs ne puisse pas y projeter son ombre. La toile est vivement éclairée par une lampe électrique ou oxhydrique (*fig*. 89), placée à la hauteur de son centre; son contour doit se trouver inscrit dans le cercle lumineux. Quand on emploie la lumière électrique, une simple lanterne de théâtre (*fig*. 69) suffit très bien; on a même parfois de meilleurs effets en supprimant le miroir et en le remplaçant par une feuille de papier.

Pour régulariser le mouvement des ombres, on fixe au-dessous de l'écran une bande de bois horizontale massive ou creusée de rainures, qui sert à soutenir les personnages; cette bande de bois se voit sur la figure 89.

Il est souvent utile d'avoir un décor, qui peut se composer d'un cadre en zinc découpé, de la grandeur de l'écran, qu'on suspend instantanément derrière lui au moyen de deux clous. Les personnages passent derrière ce décor, qui doit laisser voir tous leurs mouvements. Quand le décor doit être assez opaque pour empêcher de voir les silhouettes, on peut le placer assez haut sur la toile pour laisser au-dessous une partie transparente où se meuvent les ombres et qui figure les premiers plans (*Truc for life*, 1ᵉʳ tableau); le décor paraît lointain.

On peut encore obtenir les décors au moyen d'une vue sur verre, que la lanterne projette sur l'écran; mais il faut alors que cette lanterne soit munie d'un objectif. On a ainsi des décors plus transparents et

Fig. 89. — Installation d'un théâtre d'ombres.

qui peuvent être peints sur toute leur surface, mais on est obligé de se préoccuper de la mise au point et les changements se font moins vite.

Si l'on veut figurer la nuit, il ne faut pas baisser la lumière, ce qui empêcherait de voir les ombres; on place entre la lanterne et la toile un écran de papier bleu d'épaisseur convenable (*Marche à l'Étoile*). On peut aussi obtenir des effets curieux de coloration en plaçant devant la lanterne des verres grossièrement peints, qu'on fait glisser dans des rainures horizontales : c'est ainsi qu'on produit le lever du jour (prologue de *Phryné*); le ciel, d'abord très sombre, présente d'un côté toutes les colorations successives de l'aurore jusqu'au plein jour; de même pour le coucher du soleil. C'est aussi par des verres grossièrement colorés qu'on produit les nuages sanglants du Golgotha (*Marche à l'Étoile*).

Fabrication des silhouettes. — Les silhouettes forment la partie la plus importante du matériel nécessaire; elles doivent être exécutées avec le plus grand soin. C'est par là que Caran d'Ache est arrivé à produire des effets complètement nouveaux; il a su montrer par un seul découpage une armée entière avec sa foule et ses lointains et donner aux ombres, par une habile perspective, une profondeur et un relief qui semblent en contradiction avec la nature même de ce genre de spectacle. Lorsqu'on a des dessins d'une grandeur convenable, 50 centimètres environ, il suffit, pour fabriquer les silhouettes, de les coller ou de les reporter sur une feuille de carton ou mieux de métal, par exemple une planche de zinc épaisse, et de la découper ou *détourer* avec soin. Si l'on veut utiliser des dessins qui n'aient pas la dimension voulue, il faut d'abord les amener à cette grandeur, ce qui peut se faire assez facilement en recouvrant le dessin d'un réseau de lignes rectangulaires formant de très petits carrés. On copie ensuite les contours du dessin sur un papier divisé en carrés plus grands et tels qu'on obtienne exactement le grossissement désiré.

Les silhouettes sont toujours munies d'une base assez grande, qui sert à les saisir et à les promener devant l'écran, au-dessous duquel on la maintient pour qu'elle ne donne pas d'ombre; on appuie cette base sur la bande de bois dont nous avons parlé, ou on la fait glisser dans les rainures, s'il y en a; si le découpage doit rester longtemps immobile, on peut le fixer sur la pièce de bois ou le maintenir à la main. Le plus souvent, les ombres ne font que traverser l'écran; deux opérateurs suffisent généralement pour cela; dans les pièces les plus compliquées, il faut cinq ou six personnes.

Dans certaines pièces, on voit des ombres passer sur l'écran sans toucher la partie inférieure; dans ce cas, les silhouettes n'ont pas de base, mais elles portent par derrière un gros fil de zinc recourbé, que l'opérateur tient à la main pour leur faire traverser le champ éclairé; ce fil ne donne pas d'ombre sur l'écran.

Au Chat Noir, un certain nombre de silhouettes

portent des réserves à jour couvertes de papiers ou de gélatines colorés; on a ainsi des ombres noires présentant des parties en couleur : tels les plumets des casques et les selles des chevaux des dragons et des mamelucks (l'*Épopée*).

Silhouettes mécanisées. — Certains personnages sont mécanisés de façon à pouvoir accomplir des mouvements déterminés; ces effets s'obtiennent par des artifices extraordinairement simples. Veut-on qu'un personnage puisse agiter le bras (*Phryné*, le *Voyage présidentiel*), on rend ce bras mobile autour d'un point convenablement choisi et on le manœuvre au moyen d'une tige dissimulée derrière la partie opaque de la silhouette et qu'on tire par la partie inférieure. La même disposition sert à produire les mouvements de la jambe, de la tête, de la partie supérieure du corps.

Dans le *Voyage présidentiel*, on voit la foule qui attend le cortège officiel; la pluie se met à tomber, et aussitôt les parapluies s'ouvrent; le découpage représentant les parapluies est fixé à une règle de bois horizontale, et pend d'abord librement derrière la foule, qui le cache; il suffit de donner à la règle une rotation de 180 degrés pour que les parapluies viennent se placer au-dessus des têtes.

Dans l'*Épopée* (1re partie, scène XIV), on voit le bataillon carré de la vieille garde; au commandement d'un des officiers placés au centre du carré, tous les soldats présentent les armes, puis abaissent les fusils et font

feu : le truc, qui produit un effet saisissant, est extrè-
mement simple : tous les fusils sont fixés à une règle
de bois horizontale, dissimulée derrière la feuille de
zinc, et qui peut tourner sur elle-même ou se déplacer
légèrement dans sa propre direction. Au commandement de, « Présentez armes », on pousse légèrement
la règle et tous les soldats semblent porter leur fusil
en avant; à celui de : « En joue », on fait tourner la
règle et toutes les armes prennent la direction horizontale; enfin au mot : « Feu », on allume une mèche de
coton-poudre qui traverse horizontalement tout le
tableau, et une lueur semblable·à celle de la fusillade
parcourt tout le front du bataillon, tandis qu'on imite
dans les coulisses le crépitement de la décharge.

La même pièce montre l'armement et la prise d'une
redoute autrichienne. Des groupes de soldats autri-
chiens hissent d'abord avec peine des canons sur les
flancs escarpés de la redoute : inutile d'ajouter qu'il
suffit d'avoir deux groupes de soldats; suivant le
procédé employé de tout temps dans les théâtres où
la figuration est insuffisante, chaque groupe, après
avoir disparu dans la redoute, reparaît au bas de la
montagne et recommence l'ascension autant de fois
qu'on le juge nécessaire Quelques canons sont fixés
d'avance au haut de la redoute, mais ils peuvent
tourner autour d'un point fixe et sont d'abord dissimulés derrière le terrain; lorsqu'un canon, traîné
par les soldats, arrive au sommet, on le fait coïncider
un instant avec un des canons fixes, qu'on fait tourner

rapidement, de façon qu'il apparaisse au-dessus du rempart. L'illusion est complète, et le canon semble avoir été amené à sa place par les soldats.

Bruits et effets accessoires. — Les bruits de coulisses et effets de scène accessoires contribuent aussi, pour une large part, à l'illusion. Ainsi, les canons de la redoute autrichienne doivent servir à la défendre lorsqu'elle est attaquée par les Français; pour cela, on allume rapidement une fusée, qu'on introduit aussitôt dans un petit cylindre fixé derrière le canon. Le bruit de la canonnade s'imite très bien en frappant sur une grosse caisse un fort coup suivi d'un petit tremblement. Les bombes sont représentées par des bouchons qu'on lance parallèlement à la toile, tandis qu'on enflamme, à leur point de chute, de petits paquets de fulmi-coton. Nous avons dit que la lueur de la fusillade s'obtient en allumant un fil de coton-poudre. Le bruit s'obtient avec une série de lamelles de bois fixées sur une corde, comme la clé d'une scie, et qu'on fait basculer l'une après l'autre au moyen d'une roue dentée, de manière à leur faire choquer une bande de bois. On peut remplacer cet appareil compliqué par une crécelle de grande dimension ou même par des morceaux de bois avec lesquels on tape sur une table. Il faut ajouter à cela les commandements militaires, les hourras et le bruit de la foule, qui peuvent être facilement produits par un petit nombre de personnes, les roulements de tambour et les sonneries de clairons, enfin la fumée, qui accompagnait nécessairement les batailles avant l'invention de la poudre sans fumée. Ce dernier effet est produit par les opérateurs, qui lancent tous ensemble vers le plafond la fumée de leurs cigarettes.

La même méthode peut s'appliquer à des personnages qui semblent fumer. On fixe derrière la silhouette un tube de caoutchouc fin qui part de la bouche et se prolonge au-dessous de la base inférieure ; l'opérateur qui manœuvre la silhouette insuffle de la fumée par ce caoutchouc. Dans le *Truc for life*, une disposition analogue a été appliquée, dans un but un peu différent, à la silhouette d'un de nos plus illustres romanciers.

Les incendies s'obtiennent avec des feux de Bengale ou en interposant des verres colorés ; le tonnerre, par le procédé classique, c'est-à-dire en agitant une feuille de tôle ou mieux de cuivre. Pour imiter la pluie, on place au-dessus et en avant de la lanterne électrique une sorte de gouttière horizontale remplie de sable fin, qu'on fait tomber en frappant de petits coups sur la gouttière ; le bruit se produit en laissant tomber des haricots ou de petits cailloux d'une boîte dans une autre. Le bruit du vent s'obtient en frottant une baguette flexible sur un châssis recouvert de soie, le roulement des voitures par le frottement d'une chaise sur le parquet.

XIII

LES BIJOUX LUMINEUX

La première application des lampes à incandescence qui se soit produite à la scène est leur emploi
pour l'éclairage des bijoux lumineux. Cette application est facile à réaliser, car elle n'exige qu'une pile
extrêmement réduite, qui peut se loger aisément dans
la poche ou dans toute autre partie du vêtement. Ces
bijoux se composent d'une petite lampe à incandescence, dont les dimensions peuvent être très réduites,
entourée de prismes de diverses couleurs, taillés à
facettes, de manière à produire sur les rayons lumineux qui les traversent des jeux de lumière du plus
bel effet.

La figure 90 représente, en grandeur d'exécution,
une épingle à cheveux lumineuse. De la petite lampe
partent deux fils, qui se dissimulent dans les cheveux
et les vêtements, et vont rejoindre la pile destinée à
alimenter le petit appareil. Cette pile (*fig.* 91) est
assez petite pour qu'on puisse la cacher facilement

dans la poche. Elle est formée de très petits éléments
au bichromate de potasse, contenus dans une auge

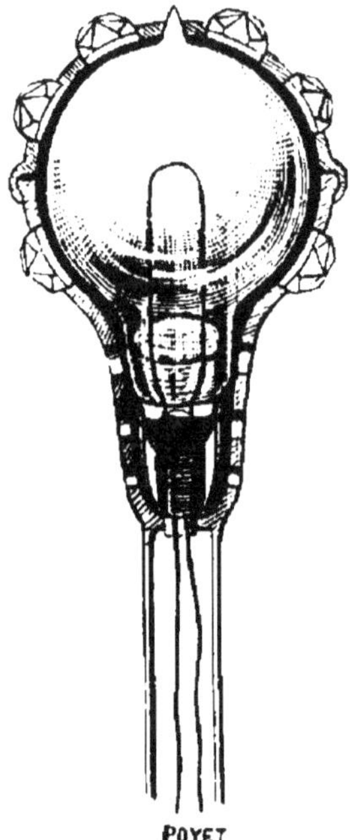

Fig. 90. — Epingle a cheveux lumineuse.

d'ébonite à trois compartiments, qui est remplie aux
deux tiers de la solution. Les plaques de zinc et de
charbon sont fixées au couvercle, qui est également
en ébonite, et constitue, avec une feuille de caoutchouc, une fermeture parfaitement étanche. Le tout
est disposé dans une enveloppe double en caoutchouc
durci, dont les deux parties rentrent l'une dans l'autre
à la manière d'un porte-cigares. Deux boutons reçoivent les conducteurs.

Un petit interrupteur placé dans le circuit permet
d'illuminer à volonté les bijoux. Il est formé d'un

bâtonnet en métal terminé par deux arrêts et coupé
en deux parties inégales par une section en ivoire. Les
deux extrémités communiquent avec les deux pôles. Un
petit manchon métallique glisse sur le bâtonnet; lorsqu'il est à une extrémité et qu'il laisse à découvert la
rondelle d'ivoire, le circuit est ouvert. Si on le pousse

Fig. 91. — Pile portative Trouvé pour bijoux lumineux.

vers l'autre bout, il cache la rondelle, réunit les deux
parties métalliques et établit le courant. Ce commutateur, long de quelques centimètres, n'est pas plus
gros que l'une des branches d'une fourchette.

La durée de l'éclairage varie avec les dimensions de
la pile. Le modèle représenté peut fonctionner 20 ou
25 minutes consécutives; un autre modèle plus volu-
mineux peut donner de la lumière pendant une

Fig. 92. — Danseuse parée de fleurs lumineuses (Ballet des fleurs).

heure environ. Nous n'avons pas besoin d'ajouter qu'on pourrait remplacer la pile par un petit accumulateur chargé d'avance.

Fig. 93. — Lustre vivant des Victoria-Theaters.

Les bijoux lumineux peuvent recevoir les formes les plus variées : épingles à cheveux, épingles de cravates, broches, fleurs, diadèmes, colliers, etc.

Ces bijoux ont reçu au théâtre de nombreuses

applications : d'abord aux Folies-Bergères, en 1884, dans le ballet des Fleurs, où figuraient une vingtaine de danseuses portant, au corsage, et dans les cheveux, deux magnifiques bouquets de fleurs lumineuses (*fig.* 92); puis, la même année, à l'Empire-Theatre de Londres, où le ballet de Chilpéric montra cinquante amazones, ayant sur leur casque, sur leur bouclier et au bout de leur lance, des pierreries étincelantes de diverses couleurs. On les retrouve ensuite dans un grand nombre de théâtres, à Paris : au Châtelet, dans *la Poule aux œufs d'or*; au Grand Concert Parisien, à la Scala, au musée Grévin; à Boston, au Niblos Garden Theatre; à Berlin, aux Victoria-Theaters, où l'on vit un lustre du plus brillant effet formé de 60 foyers électriques, disséminés au milieu de sujets vivants (*fig.* 93).

Aux Nouveautés Parisiennes, dans le *Château de Tire-Larigot*, on voyait tout à coup apparaître sur les habits des personnages de magnifiques décorations lumineuses, composées d'un phare central, muni d'un réflecteur et figurant un gros brillant, entouré de pierres précieuses. Dans la même pièce était inter-calée une partie d'écarté, d'inénarrable drôlerie, entre Brasseur et Berthelier, dans laquelle on voyait appa-raître, sur le chapeau de chacun de ces deux acteurs, les cartes de son adversaire, vivement illuminées.

Les dernières applications ont été faites à Bruxelles, au théâtre des Galeries Saint-Hubert, à Noël, en 1892, et à Monte-Carlo, pour la *Damnation de Faust*. A

Bruxelles, au moment de l'apothéose, on voyait sortir lentement du plancher un arbre de Noël, de 12 mètres de hauteur, garni de 250 fleurs lumineuses, de toutes les teintes, tandis que jaillissaient deux fontaines lumineuses.

A Monte-Carlo, on a mis à la scène, le 18 février 1893, la *Damnation de Faust*, de Berlioz, qui n'avait été jusqu'alors exécutée qu'en habit noir. La mise en scène était des plus brillantes, grâce aux beaux décors de M. Poinsot; les trucs les plus nouveaux avaient été mis en œuvre. Les bijoux lumineux figuraient dans deux ballets; l'un d'eux, le plus important, se trouve à la scène VII, qui représente les bosquets au bord de l'Elbe; on avait disposé sur le théâtre soixante-dix roses lumineuses, formées de pétales en papier de couleur, au milieu desquelles se dissimulait une petite lampe à incandescence, qui les éclairait par transparence. Dix ballerines italiennes, plus brunes et plus gracieuses les unes que les autres, portant à leur corsage de velours vert une rose lumineuse actionnée par une petite pile de poche, s'avançaient alors pour danser le ballet des sylphes pendant le sommeil de Faust.

Flambeau d'Ascanio. — Une des plus intéressantes applications des bijoux lumineux est celle qui fut combinée pour *Ascanio*, représenté à l'Opéra le 21 mars 1890. Au troisième acte, dans le décor qui représente le jardin de Fontainebleau, dominé par la forêt, se danse un ballet mythologique, dans lequel

apparaît Apollon, tenant le flambeau du génie (*fig.* 94)
et entouré par le gracieux cortège des neuf muses.

Fig. 94. — Apollon tenant le flambeau du génie (ballet d'Ascanio).

Lesdirecteurs de l'Opéra désiraient un flambeau léger,
de dimensions ordinaires, c'est-à-dire assez restreintes,

s'alimentant par lui-même pendant douze à quinze minutes
consécutives, de façon à supprimer l'emploi d'une source
séparée et des conducteurs,
qu'il eût été difficile de dissimuler dans les vêtements de
la danseuse. Il fallait donc
placer dans le flambeau lui-
même les piles ou les accumulateurs chargés de produire
l'électricité.

Pour satisfaire à ces conditions, M. Trouvé a logé dans
le flambeau six petits accumulateurs au plomb, du genre
Planté, dont trois à la partie
supérieure, et trois au dessous, dans le fût (*fig.* 95). Les
électrodes sont des lames de
plomb de 5 centimètres de
hauteur sur 7 de largeur, enroulées en spirale; leur distance est, dans chaque élément, de 1,5 mm.. Ces lames
sont placées dans un étui cylindrique en verre, consolidé
par une enveloppe de gutta-
percha en feuille. Les six élé-

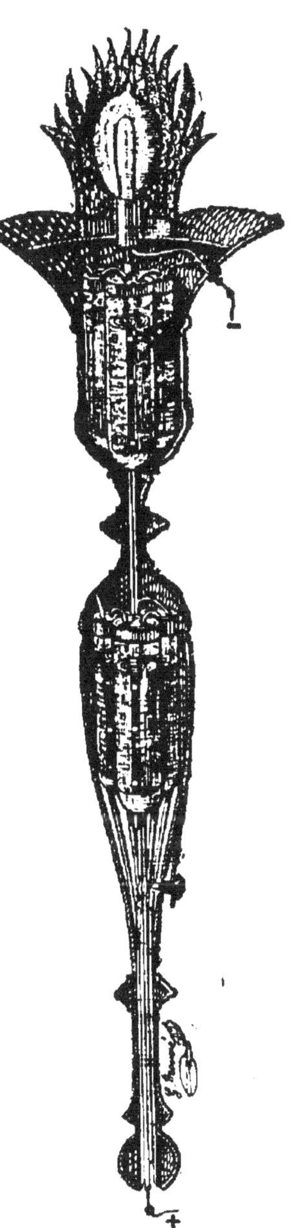

Fig. 95. — Flambeau élec-
trique du ballet d'Ascanio.

ments sont réunis en tension et peuvent fournir un courant de 3 ampères et 10 volts, soit 30 watts, pendant trente à quarante minutes, ce qui suffit pour deux représentations. Chaque élément forme un cylindre de 7 centimètres de hauteur et de 2 de diamètre. Le pôle positif est à la base du flambeau, le pôle négatif à la partie supérieure. Ce dernier communique d'une façon permanente avec une lampe à incandescence placée au haut du flambeau et dissimulée par des flammes multicolores qui l'enveloppent complètement. Pour relier le pôle positif à la lampe et fermer le circuit, il suffit d'appuyer sur le bouton isolé qui établit la communication, et la lampe projette un faisceau de lumière qui se tamise en traversant les pierreries de toutes couleurs.

Le poids de chaque élément est de 70 grammes; en ajoutant le poids, très faible d'ailleurs, de la lampe et du flambeau, on obtient un total d'environ 500 grammes. Pour les théâtres qui n'ont pas de machines pour charger les accumulateurs, on remplace ceux-ci par de petites piles au bichromate à renversement. Pour faire fonctionner ce flambeau, il est d'abord indispensable de le redresser pour que le liquide vienne baigner les électrodes, puis on appuie sur le bouton pour fermer le circuit.

Duel électrique. — Signalons encore un emploi assez curieux de la lumière et des étincelles électriques, qui a été imaginé par M. Trouvé et appliqué pour la première fois à Londres, dans *Faust*, puis au

théâtre Déjazet, dans *la Grenouille*, aux Nouveautés,
dans une revue, et depuis dans un certain nombre
d'autres théâtres; nous citerons seulement celui des

Fig 96. — Duel électrique.

Galeries Saint-Hubert, à Bruxelles, où le duel électrique fut encore employé tout récemment (décembre 1892).

Les deux épées et les deux cuirasses forment les pôles d'une pile au bichromate de potasse portée par les combattants (*fig*. 96). Quand les épées qui, pour la circonstance, sont taillées en limes, viennent à se rencontrer, il en jaillit une myriade d'étincelles d'un pittoresque effet; lorsqu'une des deux épées touche la cuirasse de l'adversaire, une lampe de dix bougies s'allume subitement et brille pendant toute la durée du contact. Dans un coup fourré, les deux lampes deviennent incandescentes à la fois et répandent une vive lumière autour des combattants.

XIV

LES MOTEURS ÉLECTRIQUES APPLIQUÉS AUX EFFETS DE SCÈNE ET A LA PRESTIDIGITATION

L'emploi des moteurs électriques dans la machinerie théâtrale est appelé à rendre les plus grands services, en permettant de réunir toute la mise en marche et le contrôle entre les mains d'un seul homme, ce qui rendra les manœuvres beaucoup plus simples et plus rapides et, par conséquent, diminuera la durée si souvent excessive des entr'actes. Il permettra aussi de réaliser des effets qu'on n'a jamais pu produire jusqu'ici, parce qu'ils auraient exigé un matériel beaucoup trop compliqué et encombrant.

Courses de chevaux. — Une application très originale de ces moteurs a été inaugurée en 1890, à l'*Union Square Theatre* de New-York, dans une pièce intitulée : *The County Fair* (la Foire du Comté);

cette application, qui semble choisie pour mettre en évidence les qualités de mobilité, de légèreté, de facilité d'arrêt et de mise en marche de ces machines, consiste à transporter sur la scène un des spectacles les plus à la mode, une course de véritables chevaux.

Après quelques instants d'obscurité, on voit apparaître des chevaux qui galopent ventre à terre (*fig*. 97). La fuite rapide en sens contraire du paysage figuré sur la toile de fond et de la barrière placée au premier plan, le vent qui enfle les casaques des jockeys, tout contribue à donner l'illusion d'une véritable course. Au bout de quelques minutes, l'un des chevaux arrive le premier au but, devançant ses concurrents de moins d'une tête. Le théâtre est alors plongé de nouveau dans l'obscurité pendant quelques instants et l'on assiste à un nouveau tableau qui représente l'arrivée; les chevaux terminent la course et disparaissent dans la coulisse.

Les différents effets qui composent ce truc si ingénieux sont tous dus à des moteurs électriques. La piste qui porte les chevaux est formée d'un plancher continu qu'un moteur entraîne avec une vitesse convenable, tandis qu'un autre enroule dans le même sens et uniformément la toile de fond. Un troisième fait mouvoir la barrière qui limite la piste au premier plan; cette barrière, comme le plancher, forme une chaîne sans fin, qui passe sur deux cylindres aux deux bouts de la scène. Enfin, un dernier moteur commande un ventilateur, pour donner un courant d'air qui complète

Fig. 97. — Course de chevaux (*Union Square Theatre*).

l'illusion. Toute la manœuvre s'effectue au moyen d'un tableau placé à droite de la scène.

Le dispositif de l'*Union Square Theatre* présentait cependant quelques défauts. Le même truc a été repris à Paris, au théâtre des Variétés, en 1891, dans *Paris port de mer*, avec quelques améliorations. Au lieu de courir sur un plancher unique, les chevaux, au nombre de trois, se trouvent sur trois pistes (*fig.* 98), qui sont formées de bandes sans fin parallèles à la rampe, s'enroulant aux deux bouts sur deux tambours cylindriques de 1,75 m. de diamètre et 0,93 m. de largeur, dont les axes sont distants de 8 mètres. Chaque piste est actionnée par un moteur spécial, placé dans les dessous, et qui fait mouvoir, par l'intermédiaire d'un pignon, une grande roue dentée calée sur l'arbre du tambour moteur; chaque moteur est muni d'un rhéostat placé sur le plancher de la scène, à la portée de l'électricien. Il a fallu donner à chaque cheval une piste particulière, pouvant recevoir une vitesse propre, parce que chacun d'eux possède des qualités propres de résistance et de vitesse. Chaque bande sans fin est formée d'un tapis-brosse, cousu sur une courroie en aloès; elle est soutenue sur toute sa longueur par des rouleaux de bois fous sur leurs axes et qui se touchent presque.

Le déplacement de la toile de fond et de la barrière, en sens contraire de la course, a été conservé. La barrière est formée de barreaux verticaux, distants de 2,50 m. et fixés sur des sabots en bois qui reposent eux-mêmes sur une courroie sans fin. Cette courroie est entraînée par un petit moteur à air

Fig. 98. — Course de chevaux (*Théâtre des Variétés*).

comprimé et maintenue par un tendeur; les barreaux s'appliquent contre une lisse fixe, à l'aide d'un fil de fer horizontal, caché aux spectateurs, et s'engagent, à chaque bout de la scène, dans un guide également fixe, qui représente une haie, et qui cache leur descente ou leur montée.

Les dynamos Gramme, qui servent de moteurs pour entraîner les trois pistes, reçoivent le courant des accumulateurs de la station Popp, située rue Feydeau; elles marchent à 100 volts et avec une intensité variable, suivant les périodes successives de la course. Il faut 90 à 100 ampères au démarrage, pour passer rapidement de l'allure du pas à celle du galop, tandis qu'il suffit de 25 ampères en pleine marche.

Il fallait huit ou dix secondes pour la mise en train, avant le lever du rideau, et le tableau durait environ une minute et demie. Les chevaux prenaient une vitesse de 800 mètres et avaient à peu près la même allure que dans les courses réelles. Cette installation, effectuée par la compagnie Popp, donnait une illusion parfaitement suffisante, et elle a obtenu un vif succès.

Manège électrique. — On peut rapprocher de la disposition précédente une autre application du même genre qui pourrait être facilement réalisée sur un théâtre. Nous voulons parler d'un manège électrique, qui fut installé à Nice en 1890 et y obtint un très vif succès; ce manège, qui constituait en quelque sorte un juste milieu entre les courses véritables et le jeu si répandu des petits chevaux, comprenait six chevaux de bois demi-grandeur, tournant sur six pistes circulaires concentriques et complètement distinctes. Ces chevaux peuvent être montés par des enfants et même par de grandes personnes.

Chacun de ces quadrupèdes est muni à l'arrière d'un moteur électrique, qui l'entraîne et lui assure une parfaite indépendance; il possède quatre roues, ayant chacune un diamètre différent, et portées par deux essieux inclinés, qui convergent vers le centre de la piste circulaire. Chaque paire de roues constitue donc un cône de roulement dont le sommet se trouve sur le plan de la piste, au centre de l'installation. Les roues sont folles sur les essieux, et, à cause de leur inégalité, une seule est employée comme roue motrice. C'est la plus grande qui sert à cet usage : elle est entourée d'un bandage en caoutchouc, sur lequel s'appuie la poulie du moteur. Le frottement ainsi réalisé suffit pour entraîner le cheval qui, avec ses accessoires et son cavalier, ne pèse pas 300 kg. Les deux roues extérieures s'engagent dans un rail à ornière, qui les guide et suffit à empêcher les déraillements.

La vitesse moyenne est de 4 mètres par seconde; elle peut atteindre facilement 5 ou 6 mètres, mais il serait dangereux pour les cavaliers de dépasser cette limite.

Chaque moteur est une machine Rechniewski, de très petites dimensions, placée sur une petite plate-forme à l'arrière du cheval. Il reçoit le courant par deux galets roulant sur deux bandes circulaires en communication avec les pôles de la dynamo et dissimulées sous la piste.

La dynamo qui produit le courant est également du système Rechniewski à double enroulement, actionnée par un moteur à gaz de 12 chevaux.

Les six moteurs, qui sont de 1000 watts chacun, sont montés en dérivation sur le circuit. Enfin, un tableau de distribution, disposé horizontalement sur une estrade latérale, permet de diriger et de régler toutes les péripéties de la course. Ce tableau comprend un commutateur principal pour mettre en marche ou arrêter tous les chevaux à la fois, six commutateurs partiels, permettant de les actionner isolément, six rhéostats intercalés dans les circuits dérivés et servant à régler individuellement les vitesses des coursiers; enfin, un rhéostat d'excitation de la dynamo, qui sert à faire varier simultanément et dans le même rapport toutes les vitesses.

Tous les chevaux partent ensemble; si des paris ont été engagés, on ouvre au même instant tous les circuits; les chevaux continuent à rouler en vertu de la vitesse acquise; celui qui s'arrête le plus près du but, sans toutefois l'avoir dépassé, a gagné la course.

Un combat naval par l'électricité. — En 1889, le nouveau Cirque de la rue Saint-Honoré a utilisé les moteurs électriques pour figurer un combat naval en miniature sur la piscine disposée à la place de

Fig. 99. — Combat naval.

la piste. D'un côté se trouvait un port de guerre très complet (*fig.* 99), avec ses quais, sa jetée, son phare et ses fortifications; cette place de guerre était attaquée par une flottille de bateaux, semblables à ceux qui peuplent le bassin des Tuileries, mais habilement mécanisés, de sorte qu'ils pouvaient marcher en avant et en arrière, évoluer dans tous les sens, tirer des coups de canon et même faire explosion à la fin de la lutte.

Ces résultats variés ont été obtenus par M. Solignac, ingénieur de la Compagnie Popp, en adaptant à chaque bateau deux fils seulement, et en utilisant les machines qui servent à l'éclairage du nouveau Cirque et qui donnent, les unes des courants continus, les autres des courants alternatifs.

Chaque bateau est muni d'une hélice (*fig.* 100), qui assure sa propulsion, et dont les paliers sont fixés à l'extrémité inférieure d'une tige verticale A ; celle-ci est placée dans l'intérieur d'un arbre creux B, qui reçoit le mouvement du moteur électrique M et le transmet à l'hélice au moyen de l'engrenage conique qu'on voit à sa partie inférieure. La tige A est commandée par un mécanisme d'horlogerie C, qui tend sans cesse à l'entraîner et à déplacer l'hélice dans un plan horizontal; mais, en temps normal, ce mécanisme est arrêté par un échappement à ancre D, commandé par l'électro-aimant E. Tant que la palette de cet électro est attirée, le mécanisme est immobilisé; dès que le courant cesse, le mécanisme fait

tourner l'axe et l'hélice d'un quart de tour. L'électro
E est dans le circuit général et n'a qu'une petite
résistance, ce qui lui permet de fonctionner avec une
faible intensité; le moteur M, qui a une résistance

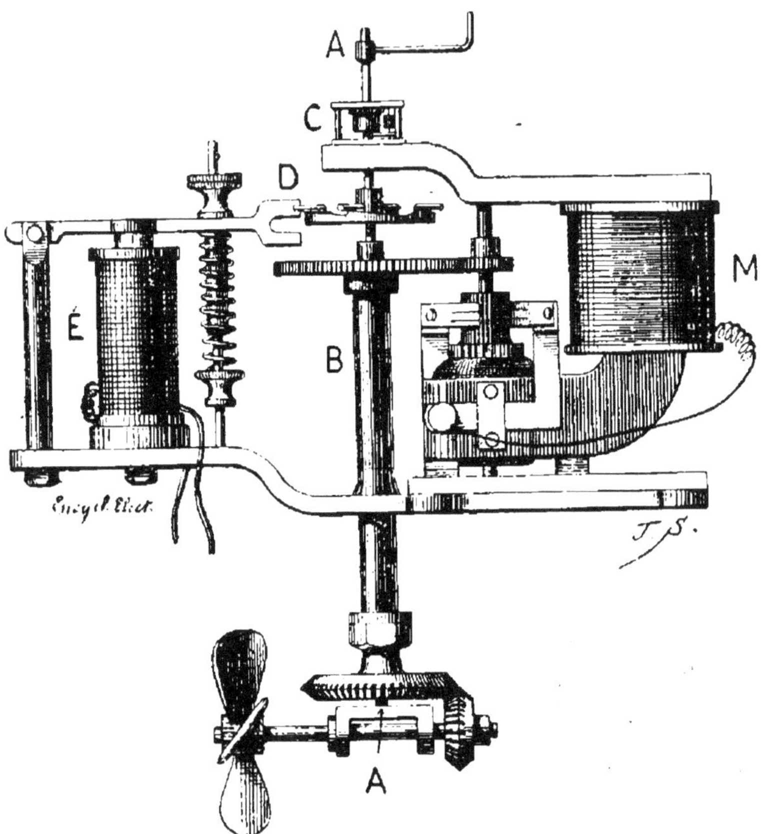

Fig. 100. — Mécanisme des bateaux du combat naval.

plus grande, est monté en dérivation et ne commence
à marcher que pour une intensité plus forte. On peut
donc produire l'arrêt ou la rotation du bateau, en
intercalant des résistances ou en rompant un instant
le circuit.

L'artillerie, représentée par un revolver, est actionnée par un troisième électro-aimant, également monté en dérivation, mais polarisé, de sorte qu'il n'agit que s'il reçoit un courant d'un certain sens. Pour produire la marche ou le changement de direction, on envoie des courants continus, d'un sens tel qu'ils renforcent la polarisation du troisième électro. Chaque fois qu'on veut provoquer un coup de canon, on renverse le courant; le troisième électro se désaimante et abandonne un instant son armature. Remarquons que ce changement de sens ne nuit en rien à la marche du bateau, puisque l'effet des électros E et M est indépendant du sens du courant.

Enfin, pour terminer le combat, on met le feu à une torpille, représentée par un pétard, qui fait couler à fond le bateau. Cette explosion est produite par une bobine d'induction, dont le fil primaire est dans le circuit général et dont le fil secondaire contient une amorce électrique. Tant qu'on se sert de courants continus, la bobine ne donne pas de courants induits; dès qu'on lance le courant alternatif, l'explosion se produit et le bateau coule à pic.

Cette petite application, qui obtint un immense succès, était, on le voit, très ingénieusement combinée; elle montre mieux qu'aucune autre les merveilleuses ressources qu'on peut tirer de l'électricité et l'admirable souplesse avec laquelle elle sait se plier à tous les rôles.

L'électricité et la prestidigitation. — La facilité

avec laquelle l'électricité permet d'obtenir à distance des effets calorifiques, lumineux et mécaniques, a été bien souvent utilisée dans l'art de la prestidigitation; les mêmes effets pourraient évidemment trouver leur place sur la scène des théâtres.

Le coffret pesant de Robert-Houdin était fondé sur les propriétés des électro-aimants : un coffret, garni d'une plaque de fer doux à la partie inférieure, est placé sur le parquet, sous lequel se trouve dissimulé un fort électro-aimant; très léger lorsque l'électro est inactif, ce coffret est attiré si fortement lorsque le courant passe qu'il devient impossible de le soulever.

Le tambour magique de Robin, qui se mettait à battre sans baguettes ni mécanisme apparent, au seul commandement de l'opérateur, renfermait aussi un électro-aimant, qui recevait le courant par des conducteurs dissimulés le long du support, et qui produisait le roulement par un mécanisme analogue à celui des sonneries.

L'électricité peut servir encore à répéter l'expérience des *esprits frappeurs* ou des *voix sépulcrales*. On se sert d'un guéridon (*fig.* 101) présentant à peu près l'apparence ordinaire, mais dans lequel on a ménagé, au point où le pied se divise en trois branches, une cavité qui reçoit un élément de pile Leclanché (*fig.* 102), de forme ramassée. Le plateau de la table est creux, et fermé à la partie supérieure par une plaque dont l'épaisseur ne dépasse pas 3 ou 4 millimètres; ce couvercle porte, collés sur sa face inférieure, un cercle

métallique plat, et, au centre, une lame de fer doux
servant d'armature à un électro-aimant vertical, qui se
trouve logé à la partie supérieure du pied. Au-dessus

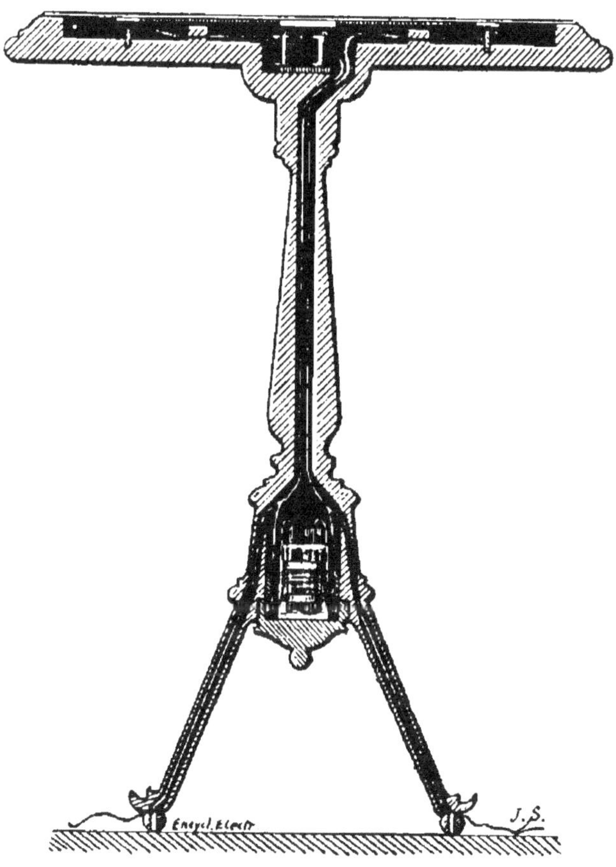

Fig 101. — Expérience des esprits frappeurs.

du cercle plat est fixé, dans l'épaisseur du plateau, un
cercle dentelé qui est relié à l'un des pôles de la pile;
l'autre pôle est en relation avec l'électro-aimant et le
cercle plat. Il suffit d'appuyer légèrement la main sur la
table pour faire fléchir le couvercle; le cercle plat vient

16.

toucher le cercle denté et fermer le circuit de la pile:
l'électro-aimant attire son armature et produit un
coup sec. Lorsqu'on soulève la main, on rompt le
circuit, le couvercle reprend sa position ordinaire, et
l'on obtient un autre coup sec.

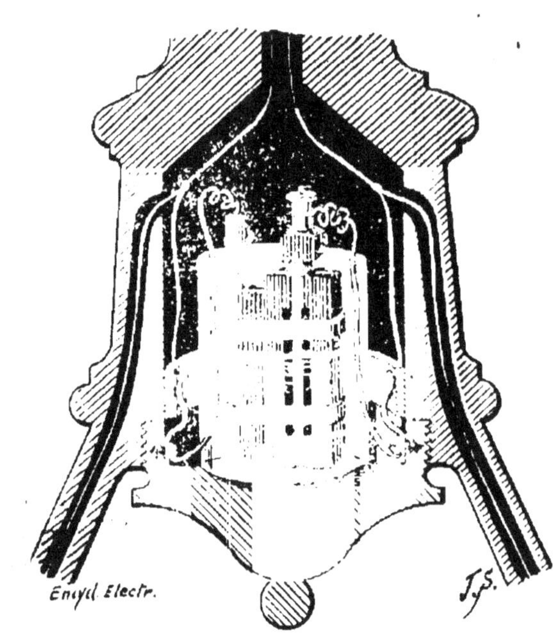

Fig. 102. — Détails du guéridon pour l'expérience des esprits frappeurs.

En faisant glisser légèrement la main sur le plateau, on produit une série de contacts avec un certain
nombre de dents et un nombre égal d'interruptions,
ce qui donne un roulement plus ou moins serré, plus
ou moins énergique, suivant l'habileté de l'opérateur.
Comme la table renferme tout son mécanisme, elle
peut être déplacée et installée en un point quelconque

de la scène ou de la salle, ce qui augmente encore l'illusion.

Si elle est fixe, on peut supprimer la pile et actionner l'électro-aimant à distance au moyen d'un interrupteur et de fils dissimulés dans le pied et sous le plancher. Dans ce dernier cas, on peut encore remplacer l'électro par un récepteur téléphonique, le transmetteur microphonique et la pile étant placés dans une salle voisine, et l'on a une table qui parle. Avec un peu d'exercice, l'aide arrivera facilement à prendre une voix sépulcrale, qui complétera l'illusion.

Insectes électriques. — L'électricité peut encore servir à animer des insectes ou des oiseaux, posés sur une plante, à laquelle on ne peut toucher sans qu'ils battent des ailes, comme s'ils voulaient s'envoler. Le corps de l'insecte renferme un petit électro-aimant droit, dont le noyau de fer doux se recourbe en équerre du côté de la tête; au-dessus de cette extrémité recourbée se trouve un petit disque de fer doux, porté par un ressort et figurant la tête. Le mécanisme est semblable à celui des sonneries : quand un courant passe dans l'électro, le petit disque est attiré, mais le circuit se trouve rompu immédiatement et le ressort ramène le disque en arrière. La tête de l'insecte éprouve donc, pendant tout le passage du courant, un mouvement de va-et-vient qu'elle communique aux ailes, avec lesquelles elle est reliée mécaniquement. Le courant est fourni par un couple Leclanché, dissimulé dans le vase qui contient la plante et dont le pôle négatif communique avec le fond de ce vase. Le pôle positif est relié aux électro-aimants, dont les autres fils descendent presque au fond du vase, mais sans le toucher. Une goutte de mercure est placée au fond; lorsque l'appareil est immobile, elle ne touche aucun des fils provenant des électros, et les circuits sont ouverts. Dès qu'on incline légèrement le vase en le prenant à la main, cette goutte arrive toujours au contact d'un des fils et l'insecte correspondant se met à battre des ailes; si on l'incline dans tous les sens successivement, on voit tous les insectes s'agiter tour à tour.

Bijoux électro-mobiles. — On peut rapprocher des appareils précédents les bijoux électro-mobiles construits par M. Trouvé, et qui pourraient, eux aussi, trouver facilement leur emploi dans la presti-digitation; nous indiquerons notamment les modèles suivants : petit théâtre représentant Arlequin et Co-lombine exécutant un ballet; lapin jouant du tambour; tête de mort remuant les yeux et parlant; singe à lunettes faisant des grimaces et baissant les paupières; tête de décapité sur une table, parlant et remuant les yeux; oiseau chantant, battant des ailes et remuant la queue. Citons encore une araignée, de grandeur naturelle, qui marche et traverse un plat avec la même vitesse qu'un animal vivant. Si on la remet vingt fois sur le plateau, elle en sort toujours avec le même empressement. On imagine facilement les effets que la prestidigitation pourrait obtenir avec des appareils de ce genre, mus par une pile intérieure dont on fermerait le circuit par un mouvement insignifiant, invisible pour les spectateurs. La source d'électricité pourrait aussi être placée dans une pièce voisine et reliée à l'appareil par des fils habilement dissimulés.

Chacun de ces bijoux renferme un petit électro-moteur microscopique et une partie mécanique qui transmet le mouvement aux organes qu'on veut rendre mobiles. Ainsi, dans le lapin qui joue du tambour, le moteur est un électro-aimant boiteux avec culasse, sur laquelle l'armature est articulée; dès qu'elle est attirée par l'électro, le courant se trouve rompu, et un ressort antagoniste droit la ramène à sa position normale; c'est, comme on le voit, une disposition analogue à celle des sonneries. Le mouvement de va-et-vient de l'armature est communiqué aux pattes du lapin par deux petites bielles articulées à son extrémité et fixées, l'une en avant du point d'articulation de la patte, l'autre en arrière, de sorte que chaque mouvement de l'armature provoque des mouvements contraires des deux pattes.

Presse-papier électrique. — Le presse-papier électrique (*fig.* 103), d'invention récente, est tout disposé pour la prestidigitation. Un papillon, enfermé sous un globe de verre, se met à battre des ailes lorsqu'on pose ce globe sur un socle spécial. Grâce à l'effet de la lentille plan-convexe qui recouvre l'insecte et au bruit produit par le frôlement des ailes, l'illusion est complète. La pile est contenue dans le socle et ses pôles reliés à deux lames métalliques qui émergent d'une petite quantité. En posant le presse-papier sur le socle, on met ces deux pôles en rapport avec ceux du moteur qu'il renferme, au moyen de deux autres plaques métalliques fixées sous l'appareil; le circuit est fermé et le papillon s'anime. Pour la pres-

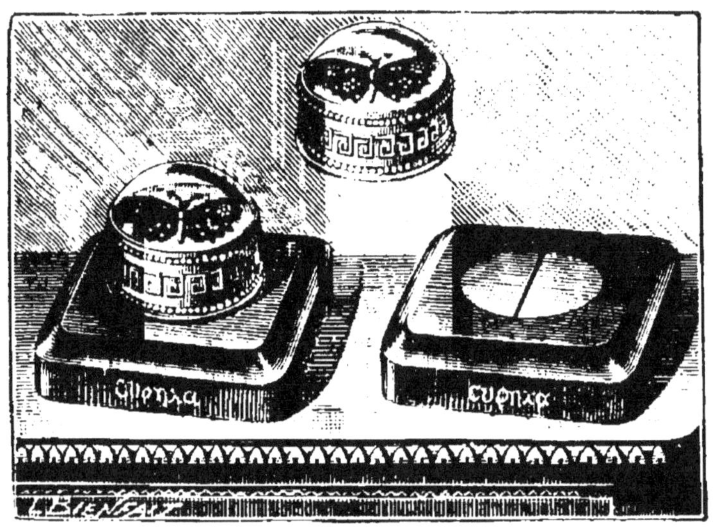

Fig. 103. — Presse-papier électrique.

tidigitation, il suffirait de dissimuler la pile dans une table ou dans tout autre objet où le public ne pourrait pas deviner sa présence.

XV

L'ÉLECTRICITÉ APPLIQUÉE A LA MACHINERIE THÉATRALE

Manœuvre des rideaux en fer par l'électricité.
— Outre les petites applications que nous venons de
signaler et qui se rapportent à des trucs particuliers,
on a tenté aussi, depuis quelques années, de confier
aux moteurs électriques la manœuvre des lourds rideaux en fer destinés, en cas d'incendie, à séparer
complètement la salle de la scène. On sait, en effet,
que la scène est la partie du théâtre où se trouvent
concentrés en plus grand nombre les risques d'incendie; on a donc jugé indispensable de pouvoir
isoler absolument les deux parties du théâtre l'une de
l'autre avant que les torrents de fumée produits par
la combustion des premiers lambeaux de décors aient
pu envahir la salle et que les spectateurs se trouvent
exposés aux dangers de l'asphyxie ou à ceux qui
résultent de l'affolement produit par la panique. Le

filet métallique à larges mailles, qui servait autrefois à empêcher les décors enflammés de tomber dans la salle, n'offrait qu'une protection illusoire, et on a dû le remplacer par un rideau en fer plein, constituant une fermeture hermétique.

L'électricité offre encore ici des avantages incontestables; non seulement elle se prête parfaitement à la manœuvre de ces rideaux, dont le poids est souvent considérable, mais encore elle permet de commander cette manœuvre d'un point quelconque du théâtre; il suffit de placer, partout où l'on croira utile de le faire, de simples boutons de sonnerie, destinés à fermer le circuit du moteur qui commande le rideau; toute personne qui s'apercevra de la naissance d'un incendie sur la scène n'aura qu'à presser un bouton pour faire descendre le rideau. Un de ces boutons pourra être placé chez le concierge, pour le cas d'un incendie aperçu d'abord du dehors. Il serait utile que le même courant qui fait baisser le rideau de fer produisît en même temps l'ouverture automatique, dans les combles de la scène et peut-être aussi dans le haut de la salle, de vantaux destinés à l'évacuation rapide des fumées asphyxiantes.

Un système analogue à celui que nous venons d'indiquer, imaginé par M. Larochette, fut essayé, en 1887, au théâtre des Nations, à Paris.

Deux systèmes ont été actuellement soumis au contrôle de l'expérience: dans le premier, l'ascension du rideau est due à la poussée exercée par l'eau sur des pistons, comme cela a lieu également pour les ascenseurs; le courant électrique, qui peut être fourni par une pile, intervient seulement pour produire l'entrée ou la sortie de l'eau dans les cylindres; dans le second, la manœuvre est purement électrique : un moteur électrique fait tourner le treuil sur lequel s'enroulent les cordes supportant le rideau.

Rideaux hydro-électriques. — Le système hydro-électrique, proposé par M. Edoux en 1887, fut notamment appliqué au Théâtre-Français et à la Porte-Saint-Martin.

Dans ce procédé, la majeure partie du poids du rideau est équilibrée par des contrepoids généralement logés dans des cheminées le long du mur de scène, et reliés à la partie supérieure du rideau par des chaînes qui passent sur des poulies de transmission. Lorsque ce système présente des inconvénients, on équilibre le rideau au moyen de chaînes et de contrepoids flotteurs, situés dans les dessous; c'est ce qui avait été fait à la Comédie-Française. Le treuil employé autrefois se trouve donc supprimé. Ce système d'équilibrage réduit beaucoup le poids mort, et diminue, dans une grande proportion, la force motrice nécessaire pour soulever l'appareil. On comprendra facilement l'importance de cette économie, si on remarque que, au Théâtre-Français, par exemple, la baie de la scène étant de 130 mètres carrés, le poids du rideau en fer est d'environ 6000 kilogr.

Le rideau est guidé dans son mouvement par deux

tiges verticales en fer rond, tournées, sur lesquelles glissent à frottement doux des coulisseaux en fonte fixés sur son cadre. Il reçoit son mouvement ascensionnel de deux élévateurs hydrauliques, formés chacun d'un piston plongeur qui se meut dans un cylindre étanche ; pour cela, il est solidement fixé, aux deux extrémités de sa base, sur la tête de ces deux pistons, placés de chaque côté de la scène, et avec lesquels il constitue un ensemble rigide.

Lorsqu'on produit l'équilibrage au moyen de contrepoids plongeurs, un second cylindre étanche est accolé à chacun des premiers ; il renferme le contrepoids, porté par une chaîne, qui passe sur une poulie située au haut des cylindres et va s'attacher au bas du piston élévateur. Les deux cylindres qui contiennent les pistons sont reliés par un tuyau communiquant vers son milieu avec un distributeur dont le jeu détermine à volonté l'introduction de l'eau motrice dans les premiers cylindres ou son évacuation ; dans le premier cas, la poussée de l'eau produit l'ascension des pistons et du rideau qu'ils supportent ; l'écoulement du liquide dans une boite destinée à cet usage fait redescendre tout le système.

L'eau employée est à la pression de 3 à 4 atmosphères ; à Paris, elle peut être fournie par la canalisation générale. En cas de manque de pression, par suite d'accidents dans les conduites, il est utile d'installer dans les combles des réservoirs contenant assez de liquide pour assurer la manœuvre du rideau pen-

dant toute une soirée. Si l'on craint que cette dernière
ressource vienne encore à manquer, on peut lui substituer une pompe puisant l'eau dans la boîte de déver-
sement pour la refouler dans le distributeur. A la
Porte-Saint-Martin, l'eau est fournie par des réservoirs
placés dans les cintres.

Le distributeur est constitué par un petit moteur
actionné par la pression de l'eau, et dont le piston
monte ou descend, suivant que le liquide arrive au-
dessous ou au-dessus de lui. Cette introduction se
fait par un robinet que manœuvrent deux leviers à
marteaux et deux gâches à déclenchement, obéissant
à l'influence de courants électriques produits par une
pile. Deux boutons, semblables à ceux des sonneries,
commandent la manœuvre. En appuyant sur l'un de
ces boutons, on provoque la chute d'un des marteaux,
l'introduction de l'eau à l'une des extrémités du moteur, et le mouvement du piston dans un sens ou dans
l'autre, ce qui entraîne l'ascension ou la chute du
rideau. Il suffit donc de deux boutons, réunis chacun
par un circuit spécial à l'une des gâches, pour commander la manœuvre. Des postes doubles de ce genre
ou d'autres postes simples à un seul bouton, produisant seulement la chute du rideau, peuvent être
disposés facilement en tous les points de l'édifice où
on le juge nécessaire.

**Rideaux commandés par un moteur électri-
que.** — Le système hydro-électrique que nous venons
de décrire satisfait parfaitement aux prescriptions

formulées par la Commission supérieure des théâtres, mais il exige un mécanisme un peu compliqué et l'emploi d'un assez grand volume d'eau sous pression; il est évidemment plus simple de confier à un moteur électrique la manœuvre du rideau de fer. C'est ce qui se fait actuellement à la Comédie-Française, où cette nouvelle installation fonctionne depuis le 22 novembre 1892, jour de la première représentation de *Jean Darlot*. Ici, comme dans l'ancien système purement mécanique, le rideau de fer est suspendu par cinq cordages, qui passent sur des poulies placées dans les cintres, et viennent s'enrouler sur un treuil dont l'axe est perpendiculaire au mur de scène. Il n'y a, comme autrefois, qu'à faire tourner ce treuil dans un sens ou dans l'autre pour faire monter ou descendre le rideau; mais ce mouvement, au lieu d'être obtenu par un procédé mécanique, est confié maintenant à un moteur électrique d'une puissance de deux chevaux. Tout d'abord, à cause du poids énorme du rideau, et pour diminuer le plus possible la dépense de force motrice, un contrepoids, suspendu à une corde qui passe sur le même treuil, équilibre complètement l'appareil, de sorte que le moteur n'a rien à vaincre que les frottements, à la montée comme à la descente.

Le moteur électrique, excité en dérivation, est placé le long du mur de scène, à la même hauteur que le treuil dont il commande le mouvement par l'intermédiaire d'une transmission; le courant est fourni par la station Edison du Palais-Royal; près de la prise de courant se trouvent un coupe-circuit et un interrupteur. Le circuit fournit d'abord une première dérivation pour alimenter les inducteurs, puis il aboutit à un rhéostat-commutateur placé à la droite du souffleur et formé de deux demi-cercles métalliques disposés sur un support isolant. En faisant mouvoir la manette de cet appareil vers le haut ou vers le bas, on lance le courant dans l'armature du moteur, dans un sens ou dans l'autre, de manière à produire à volonté l'ascension ou la descente. Pour diminuer les étincelles aux changements de marche, on a adopté pour le moteur des balais en charbon, qui fonctionnent parfaitement. La vitesse est de 1800 tours par minute.

Le rhéostat porte un certain nombre de contacts; suivant la position dans laquelle on arrête la manette, on intercale dans le circuit des résistances plus ou moins grandes, et l'on fait varier la vitesse. Selon les effets de scène à obtenir, on emploie deux vitesses pour l'ascension et trois pour la descente. Les vitesses de montée sont 0,75 m. et 1,10 m. par seconde, celles de descente 0,75 m., 1,10 m. et 1,50 m.; au démarrage, l'intensité est de 20 ampères à la vitesse minimum, 40 et 60 ampères pour les deux autres; en pleine marche, elle se réduit à 10, 15 et 20 ampères. La course totale du rideau est de 9,60 m. Un système de sonneries d'avertissement complète cette installation; une première sonnerie, disposée dans la loge du souffleur, et commandée par deux boutons placés dans les coulisses, avertit le souffleur au moment précis où il doit lever ou abaisser le rideau; de plus, en manœuvrant le commutateur à la descente, le souffleur fait passer la manette sur un contact qui actionne des sonneries placées chez le chef machiniste, au poste des machinistes et en divers autres points pour annoncer la fin de l'acte.

Ventilation par les moteurs électriques. — La lumière électrique a déjà l'avantage de ne pas vicier l'air des salles de spectacles et de ne l'échauffer que dans une très faible proportion. L'emploi de l'électricité pourrait être poussé plus loin encore et l'on pourrait se servir utilement des moteurs électriques, soit pour renouveler l'air vicié par la respiration des spectateurs et des acteurs, soit pour augmenter la fraîcheur en été en insufflant de l'air froid, et rendre ainsi la température très agréable.

C'est dans ce but qu'on utilise le courant électrique au théâtre *Star*, de New-York. Des dynamos actionnent un grand nombre d'appareils de petites dimensions, qui puisent l'air dans une chambre froide et le répartissent dans la salle; la chambre froide contient de la glace dont l'eau de fusion est aussi utilisée; l'air puisé au dehors passe d'abord sur cette eau, puis sur la glace. Le volume d'air froid injecté dans la salle n'est pas inférieur à 300 mètres cubes par minute.

Un système de ce genre pourrait être facilement installé à Paris, en produisant le froid par la détente de l'air comprimé, et obtiendrait certainement un très grand succès.

XVI

L'ÉLECTRICITÉ DANS L'ORCHESTRE

Orgues électriques. — Il est peu d'appareils qui présentent un mécanisme aussi compliqué que celui des grandes orgues; l'électricité seule pouvait parvenir à apporter de notables simplifications dans l'enchevêtrement des innombrables organes intérieurs, et il n'existe guère d'autres applications dans lesquelles son intervention se trouve mieux justifiée. Cependant, les orgues électriques sont encore peu répandues, surtout dans les théâtres.

Pour bien comprendre les avantages que présente l'emploi de l'électricité dans les orgues, il nous paraît utile de rappeler, en quelques mots, le principe de ces instruments. Un orgue se compose toujours d'un nombre plus ou moins considérable de tuyaux sonores, qu'on peut faire parler en y introduisant de l'air comprimé : la manœuvre consiste donc à ouvrir les soupapes qui permettent l'admission de l'air dans les tuyaux qu'on veut mettre en vibration; elle s'exécute au moyen de touches distribuées sur un ou plusieurs claviers. En pressant une touche, on fait résonner tous les tuyaux dont elle commande les soupapes; mais, comme ce mouvement a seulement pour effet d'ouvrir une ou plusieurs soupapes, on ne peut, comme dans d'autres instruments, produire les variations d'intensité du son en appuyant le doigt plus ou moins fort, et l'on est obligé d'avoir, pour chaque note, plusieurs tuyaux donnant à volonté les différentes intensités qu'on désire. De là la nécessité d'employer un grand nombre de tuyaux, si l'on veut obtenir des effets variés, ce qui rend le mécanisme extrêmement complexe.

Aussi les orgues modernes renferment-elles un inextricable enchevêtrement de leviers délicats, d'équerres fragiles, de vergettes, de contrepoids, etc., servant à transmettre le mouvement des touches du clavier aux soupapes du *sommier* qui porte les tuyaux. La multiplicité des intermédiaires indispensables est une source fréquente de dérangements. La sécheresse, l'humidité, l'interposition d'un grain de poussière, la déformation d'une équerre suffisent pour troubler ou retarder la transmission. Un organisme aussi délicat nécessite un travail d'ajustement des plus pénibles, des soins continuels, un entretien dispendieux et un réglage fréquent. Il faut ajouter aussi que les tirants et les organismes accessoires qui concourent à ouvrir les soupapes présentent une résistance relativement considérable, ce qui rend le jeu des claviers très dur et très difficile.

Cet inconvénient fut supprimé par la découverte de Charles Barker, qui, s'inspirant, dit-on, de la construction des machines à vapeur, simplifia beaucoup l'introduction de l'air dans les tuyaux. Dans ce but, il fit agir les touches des claviers, non plus sur les soupapes de ces tuyaux, qui exigent un effort assez considérable, mais sur celles d'organes intermédiaires, qui ont reçu le nom de *leviers pneumatiques*. Chacun de ces leviers se compose d'un petit soufflet en forme de coin, muni de deux soupapes, l'une pour l'introduction de l'air comprimé, l'autre pour sa sortie. Lorsqu'on appuie sur la touche correspondante, on ouvre la première et on ferme la seconde. Le petit soufflet se gonfle, et l'une de ses bases, qui est mobile, entraîne dans son mouvement la soupape du tuyau, qui s'ouvre en même temps et laisse entrer l'air destiné à produire le son. Le tuyau résonne donc tant qu'on maintient le doigt sur la touche. Dès qu'on l'abandonne à elle-même, la soupape d'entrée du petit soufflet se referme, tandis que l'autre s'ouvre; le soufflet s'aplatit et le tuyau se referme.

Avec ce système, on peut sans inconvénient multiplier les accouplements de claviers, et faire commander jusqu'à vingt-cinq tuyaux par une même touche, comme cela se produit dans les grands instruments; quel que soit le nombre des tuyaux à ouvrir, le doigt qui presse la touche n'a à vaincre que la

17.

résistance faible, et toujours identique, de la seule petite soupape qui introduit l'air dans le soufflet moteur.

Mais la découverte de Barker, tout en réduisant, dans une grande proportion, l'effort à exercer sur les touches, avait l'inconvénient de compliquer encore le mécanisme intérieur des orgues, composé déjà d'organes si nombreux. Aussi l'auteur songea-t-il, de concert avec un avocat, M. Peschard, à faire commander l'ouverture et la fermeture des soufflets pneumatiques par le courant d'une pile. La première application de ce système fut faite à Paris, en 1868, pour la construction des orgues de l'église Saint-Augustin. Mais cette première tentative n'obtint aucun succès, et ce ne fut qu'après de longues années de patience et d'expériences multiples, grâce aux belles recherches de MM. Schmoele et Mols, d'Anvers, et de M. Merklin, de Paris, que les orgues électriques ont pu enfin entrer dans la période pratique. C'est surtout dans les églises qu'elles ont été introduites jusqu'ici. Les premières furent placées à l'église Saint-Nizier, de Lyon, en 1888; puis d'autres furent installées successivement à Saint-Bonaventure, à Lyon; à Saint-Vincent de Paul, à Marseille; à la cathédrale de Clermont-Ferrand; au pensionnat des Frères, à Beauvais; enfin, à Paris, à Sainte-Clotilde, à Saint-Jacques du Haut-Pas, à Notre-Dame, etc.

Dans les théâtres, où ces instruments peuvent cependant rendre d'aussi grands services, leur nombre est encore extrêmement restreint; il n'en existe que deux à notre connaissance : le premier fut installé, en 1888, au théâtre de Nantes, par M. Louis Debierre; le second est au théâtre de Montpellier.

Dans les orgues électriques, ce sont des électro-aimants qui déterminent l'admission de l'air dans les tuyaux; mais ils ne commandent pas directement les soupapes, dont la traction exige un effort considérable, qui peut atteindre 500 à 600 grammes. En demandant ainsi à l'électricité d'effectuer le travail total, il faudrait employer des courants assez forts, qui, outre l'inconvénient d'une dépense beaucoup plus grande et d'un entretien plus ennuyeux, exigeraient un meilleur isolement et pourraient donner des effets d'induction sensibles dans les électro-aimants voisins. On a donc conservé les leviers pneumatiques dont les soupapes, qui ne demandent pour s'ouvrir qu'un effort de deux ou trois grammes, sont seules commandées par les armatures des électros; le courant n'a donc à accomplir qu'un travail minime, qu'on peut encore diminuer en équilibrant le poids des armatures elles-mêmes. Voici la disposition de ce mécanisme : un certain nombre de tuyaux sont implantés sur un sommier A (*fig.* 104), placé lui-même au-dessus d'une *laye* B, c'est-à-dire d'un grand tuyau horizontal qui distribue l'air comprimé dans les sommiers. Pour faire parler les tuyaux, il faut introduire dans le sommier l'air qui circule dans la laye et par conséquent ouvrir la sou-pape F, à laquelle est suspendue la face supérieure du soufflet électro-pneumatique C. Ce soufflet a lui-même deux soupapes, l'une non figurée pour l'introduction de l'air comprimé, l'autre pour son évacuation ; cette dernière est commandée par l'armature a d'un électro-aimant, dont une extrémité est en communica-

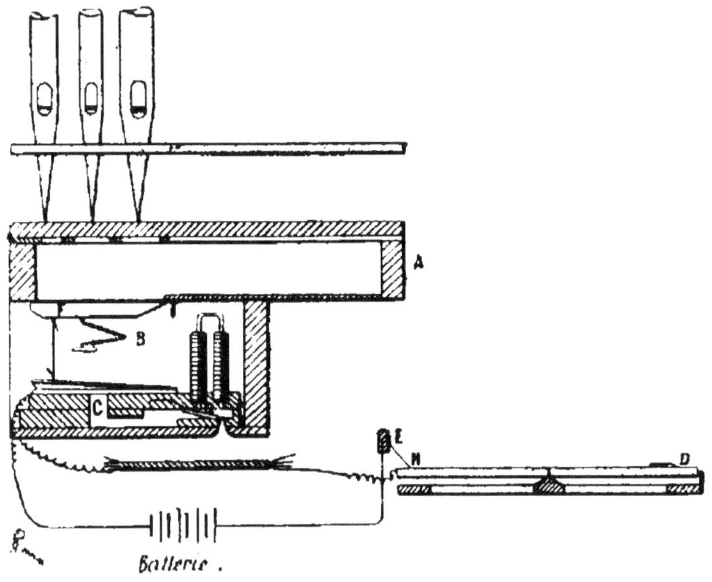

Fig. 104. — Mécanisme des orgues électriques.

tion permanente avec le pôle négatif de la pile, l'autre avec un ressort de contact H, placé à l'extrémité de la touche correspondante du clavier. Le pôle positif est relié à une bande de cuivre E, placée un peu au-dessus des touches. A l'état de repos, la soupape d'entrée du soufflet C est ouverte, de sorte qu'il est en libre communication avec la laye, dont l'air le maintient gonflé ; la soupape F est fermée. Si on appuie le doigt sur l'extrémité O de la touche, on la fait basculer autour de son milieu; la partie gauche, qui est abaissée, se relève, et le ressort H vient frotter sur la lame E. Le circuit de l'électro-aimant se trouve donc fermé; celui-ci attire son armature a, qui se soulève et ouvre la soupape d'évacuation. L'air s'échappe du soufflet C, qui s'aplatit sous la pression du gaz contenu dans la laye B; il entraîne dans ce mouvement la soupape F, qui s'abaisse; l'air comprimé pénètre dans le sommier et dans les tuyaux, qui résonnent tant qu'on maintient le doigt sur la touche. Lorsqu'on cesse d'appuyer, tous les organes reprennent leur première position; le soufflet C se gonfle de nouveau et la soupape F se referme.

Pour obtenir les variations d'intensité, on se sert de tuyaux différents; on place sur une même laye ceux qui doivent donner les sons les plus faibles, sur une seconde ceux qui doivent produire les mêmes notes avec une intensité moyenne, et enfin sur une troisième ceux qui correspondent à l'intensité maximum.

Chaque touche porte trois contacts correspondant à ces trois layes; si l'on appuie légèrement, on ferme seulement le premier circuit et l'on a des sons très doux; si l'on enfonce la touche davantage, on fait parler successivement les deux autres séries de tuyaux, qui viennent renforcer la première. L'intensité augmente donc à mesure qu'on appuie plus fortement.

Les *registres* sont également manœuvrés par l'électricité. On sait qu'on donne ce nom à des vannes qui ouvrent ou ferment l'accès de l'air dans les diverses rangées de tuyaux. Les registres étaient, dans le principe, reliés mécaniquement à des poignées, appelées *tiroirs des jeux*, placées au dessus ou sur les côtés des claviers. En tirant ces poignées, on ouvrait les registres correspondant aux séries de tuyaux qu'on voulait faire parler. Dans les orgues électriques, les poignées sont remplacées chacune par une paire de boutons placés au-dessous du clavier (*fig.* 105) et surmontés d'une inscription qui fait connaître la nature du jeu de tuyaux qu'ils actionnent. A chaque paire de boutons correspondent, derrière la planchette P qui les porte (*fig.* 106), un balancier B, mobile autour de son milieu, et deux ferme-circuits CC', DD', composés de deux ressorts, comme les boutons de sonneries ordinaires. Si l'on appuie légèrement le pouce sur le bouton marqué IN, le balancier vient appuyer sur CC' et fermer un circuit qui commande, par une disposition analogue à celle décrite plus haut, un soufflet électro-pneumatique chargé d'ouvrir le registre. Si l'on appuie sur le bouton marqué EX, le balancier repousse le bouton IN et établit le contact DD' correspondant à un circuit qui fait fermer le registre. Les boutons se trouvant à une petite distance au-dessous du clavier et n'ayant à accomplir qu'une course très limitée, on peut les manœuvrer, le plus souvent, en appuyant légèrement le pouce, sans ôter la main du clavier ni interrompre son jeu.

Cette description rapide permet de comprendre les précieux services que peut rendre à la fabrication des orgues l'application de l'électricité. Les innombrables pièces mécaniques, qui établissaient la transmission du clavier aux soufflets pneumatiques, se trouvent complètement supprimées et sont remplacées par un câble contenant le nombre de fils nécessaire; de là une grande économie dans les frais de construction et d'entretien et la suppression presque complète des réparations. Ce câble peut se loger et même se dissi-

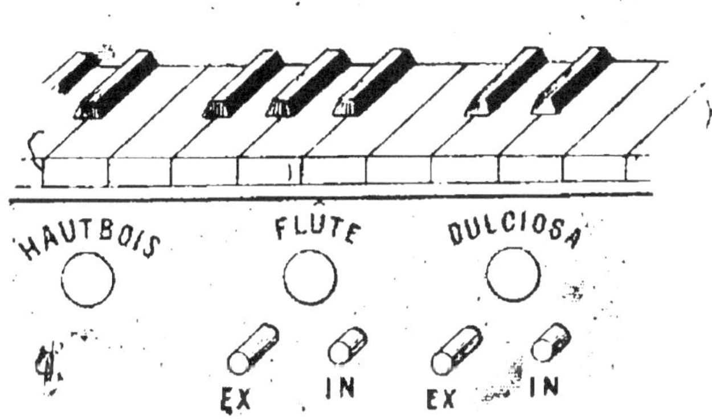

Fig. 105. — Mécanisme des jeux dans les orgues électriques.

muler très facilement; il peut suivre un chemin quelconque, rectiligne, courbe ou brisé, ce qui permet de diviser l'orgue en autant de parties qu'on veut et de séparer, au besoin, le clavier du massif des tuyaux. Ainsi, à l'église Saint-Nizier, de Lyon, la console des claviers et les registres des pédales d'accouplements et de combinaisons se trouvent dans l'hémicycle de l'abside, derrière l'autel; les orgues du chœur forment deux groupes distincts, à droite et à gauche; enfin le massif du grand orgue, comprenant les jeux du clavier principal, du récit expressif et des pédales séparées, est placé au-dessus de la porte de l'église. Un câble unique réunit ces diverses parties.

Cet avantage n'est pas moins précieux dans les théâtres, car il permet d'installer la console du clavier dans l'orchestre et le massif des tuyaux dans les coulisses, au point qu'on juge le plus favorable ou le

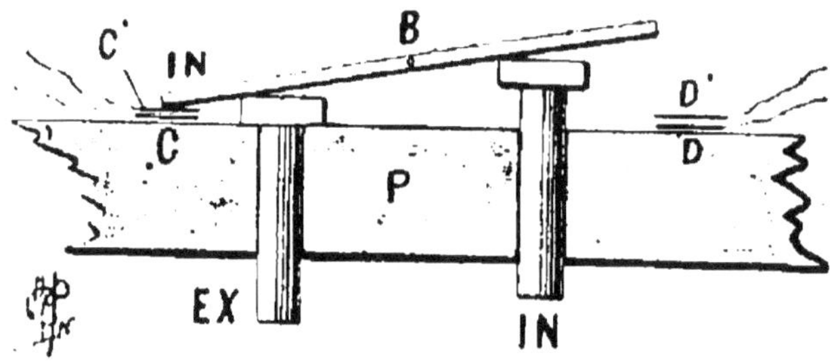

Fig. 106. — Mécanisme des jeux dans les orgues électriques.

plus commode. L'organiste se trouve ainsi sous la direction immédiate du chef d'orchestre et peut mieux apprécier comment les sons de l'orgue se fondent avec ceux des autres instruments. Un exemple fera bien comprendre l'immense avantage que présente cette disposition. Au théâtre de Nantes, l'ancien orgue était placé dans les coulisses, côté cour, à peu près à la hauteur de la première galerie; comme le théâtre ne possédait pas encore à ce moment de batteur de mesure électrique et que l'organiste était dans l'impossibilité absolue de voir les mouvements du chef d'orchestre, on apostait, dans la coulisse, pour lui indiquer la mesure dans les passages difficiles, un homme placé de manière à apercevoir le chef d'orchestre, et qui, à l'aide d'une longue gaule, marquait, sur le dos de l'organiste les temps forts de la mesure. On voit, par ce qui précède, qu'un grand nombre de motifs : simplicité et économie de construction et d'entretien, possibilité de séparer le clavier des massifs de tuyaux, facilité d'installation des deux parties de l'instrument, concourent à recommander l'adoption des orgues électriques dans les théâtres.

L'*Auditorium* de Chicago possède un orgue électrique extrêmement complexe; grâce à l'emploi de l'électricité, l'organiste, placé dans l'orchestre, dirige 7 orgues distincts, disséminés en divers points de la scène et comprenant 117 registres et 7124 tuyaux; il peut manœuvrer également deux carillons placés dans les cintres et formés, l'un de 25 tubes de cuivre, l'autre de 47 barres d'acier. L'écho destiné à accompagner le chœur final des anges dans *Faust* se trouve dans une chambre située sous le parquet, à plus de 30 mètres au-dessous de l'orchestre. Un autre orgue, employé dans *Lohengrin*, est installé sur la scène, à une distance à peu près aussi grande.

L'air est fourni par trois souffleries, placées sous le parquet, et actionnées par trois moteurs électriques. Suivant les besoins, on fait travailler une, deux ou trois de ces souffleries

Batteurs de mesure électriques. — L'exécution des œuvres de musique théâtrale exige parfois qu'à certains moments se fassent entendre, dans la coulisse, des chœurs ou des parties instrumentales. Si l'orchestre ordinaire joue en même temps, il est absolument nécessaire qu'un ensemble parfait règne entre les exécutants placés dans les coulisses et ceux qui se trouvent dans la salle. Il faut, pour cela, que le chef d'orchestre puisse diriger les exécutants invisibles aussi bien que ceux qui l'entourent, et que les premiers comme les seconds soient à même de suivre les indications de sa baguette.

On se sert souvent dans ce but d'un procédé des plus primitifs, qui consiste à ménager un vide dans le décor ou à y pratiquer un trou, pour permettre au chef des chœurs placés dans la coulisse de suivre les mouvements du chef d'orchestre. Divers appareils électriques ont été proposés pour reproduire automatiquement dans les coulisses la mesure indiquée par le chef d'orchestre : les uns sont de simples frappeurs électriques, produisant un battement sonore qui guide les exécutants; les autres font osciller une baguette qui suit la mesure.

Le premier de ces appareils, imaginé en 1855 par M. Tassieu, et employé dans la cathédrale de Bayeux, rentrait dans la première catégorie. Le maître de chapelle, à l'aide d'un manipulateur analogue à la clef de Morse, envoyait, au commencement de chaque temps, un courant dans un électro-aimant placé dans les coulisses; cet appareil attirait son armature, qui se prolongeait par une baguette légère frappant ainsi un coup à chaque temps. Un ressort antagoniste ramenait l'armature à sa première position. Un appareil du même genre fut employé dans un festival qui termina l'Exposition de 1855.

Le batteur de Duboscq présente l'aspect extérieur d'un métronome dont le pendule se termine par un disque d'aluminium, qui rend ses mouvements plus visibles. Cette aiguille est commandée par un fléau horizontal, qui porte à ses extrémités les armatures de deux électro-aimants verticaux. Suivant qu'on lance le courant dans l'un ou l'autre des électros, le fléau s'incline à droite ou à gauche, entraînant le pendule dans son mouvement. Le transmetteur est analogue au manipulateur du télégraphe à cadran de Bréguet. Un levier formant godille passe successivement sur les dents d'une roue, que fait mouvoir un pied de biche en prise avec une pédale placée à portée du chef d'orchestre. Cet appareil fut employé pour la première fois à l'Opéra, le 3 mars 1869, pour les représentations de *Faust;* il n'est plus guère en usage.

Dans les deux instruments qui précèdent, tous les temps de la mesure sont indiqués de la même manière et les exécutants ne peuvent pas distinguer les temps forts. Lartigue a imaginé, sur la demande de Victor Massé, un appareil qui n'indique au contraire que le premier temps de chaque mesure. Le transmetteur est le bâton même du chef d'orchestre, qui est creux et renferme deux contacts métalliques, l'un fixe, l'autre placé à l'extrémité d'un ressort; ces contacts sont reliés par deux conducteurs souples avec une pile et un électro-aimant. Chaque fois que le chef d'orchestre frappe le premier temps d'une mesure en dirigeant le bâton de haut en bas, le contact mobile vient toucher le contact fixe, et l'électro-aimant attire son armature, dont l'image agrandie est projetée sur un écran, de façon que ses mouvements soient bien visibles pour les exécutants.

L'appareil de M. Samuel se compose d'une baguette qui répète tous les mouvements de la mesure. Cette baguette, portée par une articulation à genou, est placée entre quatre électro-aimants disposés au-dessus et au-dessous d'elle, à droite et à gauche : elle se dirige vers l'électro que traverse le courant. On peut donc lui faire indiquer une mesure quelconque, et le premier temps est facile à reconnaître, puisqu'il correspond toujours au mouvement de la baguette vers le bas. Le transmetteur est un petit clavier à quatre touches, placé sous la main gauche du chef d'orchestre; chacune des touches, en s'abaissant, envoie le courant dans un des électro-aimants.

Les appareils qui frappent la mesure sont souvent insuffisants et s'entendent mal; quant aux baguettes oscillantes, qui constituent de véritables pendules, elles éprouvent une certaine difficulté à prendre les mouvements qui ne sont pas d'accord avec leur durée normale d'oscillation, et leur inertie peut s'opposer aux brusques changements d'allure. C'est pour éviter ce double inconvénient que M. Carpentier a combiné, en 1886, sur la demande du directeur de l'Opéra, un appareil qui, par suite d'une illusion d'optique, produit sur l'œil l'impression d'une baguette oscillant entre deux positions déterminées, sans que ce mouvement se produise réellement.

Le métronome électrique de M. Carpentier (*fig.* 107) se compose d'un tableau noir, dans lequel sont prati-

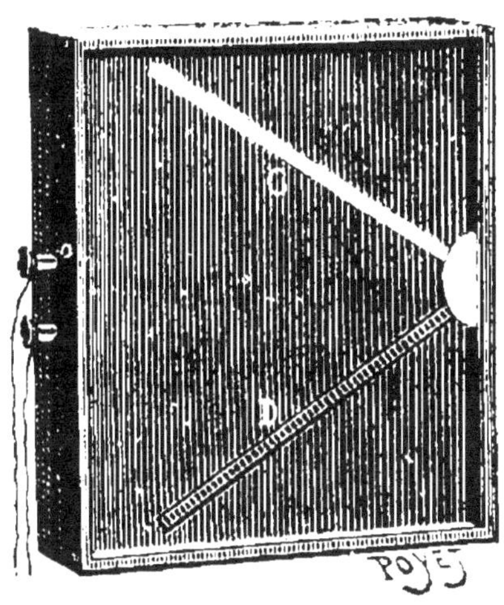

Fig. 107. — Métronome électrique Carpentier.

quées deux fentes figurant un V et renfermant chacune une règle carrée mobile autour de son axe. Ces règles ont deux faces peintes, l'une en blanc, l'autre en noir; elles sont visibles quand elles montrent la première et invisibles quand elles présentent la seconde. Elles portent chacune, près du sommet de l'angle, une poulie sur laquelle s'enroule une cordelette, fixée par l'un des bouts à un ressort, par l'autre à l'armature d'un électro-aimant, placé entre les deux règles. Quand cet électro reçoit un courant, son armature tire les deux cordelettes et fait tourner les deux règles d'un quart de tour; quand il redevient inactif, les ressorts ramènent les règles mobiles à leur première position. Au repos, l'une des règles présente sa face blanche, l'autre sa face noire; quand le courant passe, c'est le contraire qui a lieu. On voit donc que, si les courants se succèdent à intervalles réguliers, chacune des deux

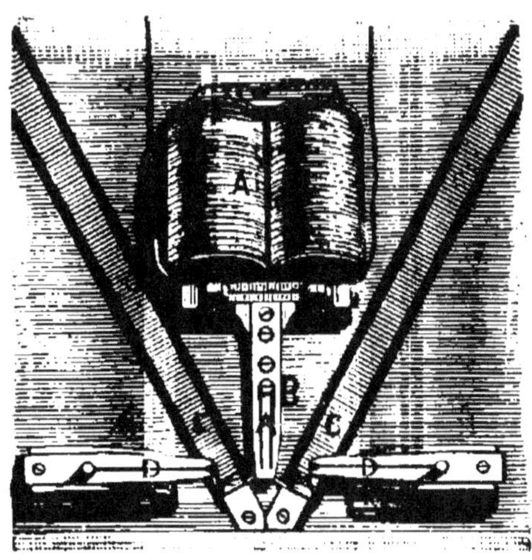

Fig. 108. — Détails du mécanisme du métronome Carpentier.

règles paraît blanche alternativement. L'œil, attiré en quelque sorte malgré lui par les lignes qui se détachent en blanc sur un fond noir, porte rapidement son regard de l'une à l'autre des règles et, par suite de la persistance des impressions lumineuses sur la rétine, voit peint en gris tout le secteur compris entre les deux limites de ses excursions; l'impression est donc la même que s'il y avait une règle unique oscillant entre les deux positions extrêmes.

Les deux bornes de l'électro-aimant (*fig.* 108) portent des fils qui le font communiquer avec une pile au bichromate et avec une pédale, analogue à celle des sonneries, placée à portée du chef d'orchestre; celui-ci n'a qu'à appuyer le pied sur la pédale pour lancer le courant dans le métronome.

Il est bon de placer dans le même circuit un deuxième batteur de mesure, plus petit que le premier, qu'on dispose devant le chef d'orchestre, au bas de son pupitre, pour lui permettre de contrôler le fonctionnement de l'appareil placé dans les coulisses.

XVII

LES APPAREILS ÉLECTRIQUES DE PROTECTION

Dans tous les théâtres, même lorsqu'ils ne possèdent pas d'installation complète, l'électricité peut encore rendre des services qui, pour être moins brillants que ceux décrits dans les chapitres précédents, n'en sont pas moins considérables. Nous voulons parler des appareils si nombreux qui n'exigent qu'un petit nombre d'éléments de pile et qui peuvent transmettre instantanément les ordres ou les avertissements et concourir utilement à assurer la sécurité de l'édifice.

Sonneries et appareils télégraphiques. — Il faut citer en première ligne les sonneries électriques, dont le principe est assez connu pour qu'il nous paraisse superflu de les décrire. Les avantages qu'elles présentent dans les installations domestiques, facilité de pose et d'entretien, possibilité de faire suivre aux fils de nombreux détours, sont encore plus sensibles ici; dans les théâtres, les conducteurs doivent souvent passer par des chemins si compliqués ou par des passages si étroits qu'il serait impossible d'employer des sonnettes à tirage mécanique. Les sonneries électriques servent dans les théâtres à de nombreux usages qu'il nous suffit de rappeler : ainsi le chef d'orchestre n'a qu'à presser un bouton pour avertir les machinistes au commencement et à la fin de chaque acte qu'il faut lever ou abaisser le rideau; le même procédé est utilisé pour faire connaître, au foyer et dans les établissements voisins du théâtre, ainsi que dans les loges des acteurs, le commencement ou la fin des entr'actes.

En appuyant sur le bouton d'appel un nombre de fois déterminé, on peut transmettre des signaux conventionnels constituant une sorte de télégraphie rudimentaire. On peut aussi se servir d'appareils analogues au télégraphe à cadran de Bréguet, mais plus simples, dans lesquels une aiguille, mobile sur un cadran, peut s'arrêter en face d'un certain nombre d'indications souvent usitées; nous en verrons bientôt un exemple dans les contrôleurs de rondes. L'Opéra de Vienne, dont l'installation intérieure est souvent proposée comme modèle, possède une sorte de télégraphe électrique, qui emploie 38 000 mètres de fil et qui fait connaître la température et l'intensité de la ventilation en chaque point de l'édifice.

Contrôleurs de rondes. — Il n'est pas de lieu où les causes d'incendie soient plus nombreuses que dans un théâtre, surtout lorsqu'on n'y emploie pas l'éclairage électrique. Il est donc indispensable que, pendant la nuit, des rondes fréquentes visitent successivement toutes les parties de l'édifice. Les contrôleurs permettent de vérifier si ces rondes ont eu lieu régulièrement et si elles ont bien été faites aux heures réglementaires.

Le contrôleur de rondes Collin, qui est un des plus employés, n'utilise l'électricité que pour faire mouvoir un avertisseur d'incendie qui lui est adjoint. Le contrôleur proprement dit se compose d'un chronomètre qui fait tourner un cadran de papier; le tout est enfermé dans une boîte que le veilleur tient à la main. En divers points de l'édifice sont fixés des boîtes ou postes de contrôle, renfermant chacune un poinçon spécial qui, à travers une fente du chronomètre, imprime une lettre sur le cadran lorsque le veilleur passe. Si les rondes ont été faites régulièrement, les lettres s'alignent sur le cadran de façon à former un mot; ce mot est incomplet lorsque le veilleur a omis de visiter un ou plusieurs postes.

L'avertisseur d'incendie qui est joint à ce contrôleur se compose d'un récepteur à cadran relié par un seul fil avec les différents postes de contrôle. A chaque poste se trouve un rouage placé au-dessus de la boîte de contrôle. En cas d'alarme, le veilleur pousse un bouton qui déclenche le rouage; celui-ci se met à tourner et produit le nombre de contacts nécessaire pour faire avancer l'aiguille du récepteur jusqu'à la case correspondant au poste qui a appelé. Le courant actionne en même temps deux sonneries, l'une au récepteur, l'autre au poste d'appel. L'appareil d'alarme est relié à un régulateur, qui trace un trait sur un cadran de papier pour indiquer l'heure à laquelle l'alarme a été donnée.

L'appareil peut être simplifié en supprimant une partie des dispositions qui précèdent; on peut même n'avoir dans chaque poste qu'un bouton d'appel, qui fait tinter une sonnerie au poste de pompiers du théâtre pour avertir, mais sans donner d'indication sur le point menacé.

Cet appareil est employé dans la plupart des théâtres de Paris, Opéra, Châtelet, Gaîté, Porte-Saint-Martin, etc., au théâtre des Arts, à Rouen, etc.

Dans le contrôleur de rondes de M. Napoli, chaque poste se compose simplement d'un bouton de sonnerie, monté en dérivation sur un circuit contenant une pile et un électro-aimant. Quand on appuie sur un des boutons, l'électro-aimant attire son armature qui déclenche une roue isolante entraînée par un rouage d'horlogerie. Cette roue porte sur son axe un cylindre métallique, relié à l'électro-aimant, et sur la surface duquel sont tracés des lettres ou des numéros qui correspondent aux différents postes. La roue continuant à tourner, le courant est interrompu presque immédiatement et se rétablit un instant après, au moment où le numéro correspondant au bouton touché passe au point le plus bas du cylindre. Ce numéro s'imprime alors sur un papier qui avance d'un mouvement uniforme au-dessous du cylindre et vient s'appliquer à ce moment contre sa surface. Le papier porte des indications d'heure qui font connaître à quel moment la ronde a été faite.

Avertisseurs automatiques d'incendie. — Ces avertisseurs sont des appareils qu'on place en divers points de l'édifice et qui préviennent automatiquement, en cas d'incendie, en faisant tinter une sonnerie électrique; ce sont donc des interrupteurs placés dans le circuit d'une sonnerie, et qui se ferment d'eux-mêmes en cas d'élévation anormale de la température. Ils peuvent être employés utilement dans les théâtres, où les causes d'incendie sont fréquentes; néanmoins ils sont encore peu en usage, sans doute parce qu'ils présentent un certain nombre d'inconvénients. D'abord il est assez difficile de déterminer la température à laquelle l'instrument doit fonctionner; si on la prend trop haute, le danger peut devenir très sérieux avant que l'on soit averti; si au contraire on la choisit trop basse, par les fortes chaleurs de l'été ou même en hiver, à la suite d'un chauffage exagéré, l'appareil pourra donner l'alarme sans motif. On a cherché à éviter cet inconvénient en construisant des avertisseurs qui fonctionnent seulement lorsque l'élévation de température est brusque et non lorsqu'elle se produit lentement par l'échauffement progressif de l'air du local. Une seconde raison, c'est que, ces instruments n'ayant heureusement que des occasions fort rares de servir, les surfaces par lesquelles doit s'établir le contact finissent par s'oxyder et le circuit ne peut plus se fermer lorsque c'est nécessaire. Il est du reste d'autant plus difficile d'entretenir ces surfaces dans l'état de propreté indispensable que les appareils sont généralement placés au haut des salles, là où l'air s'échauffe le plus facilement. Pour obvier à ce nouvel inconvénient, il est bon de choisir des avertisseurs pouvant servir en même temps à un autre usage, par exemple à remplacer les appels des sonneries électriques. De cette manière, un frottement fréquent entretient les surfaces bien propres, et, si l'un des appareils vient à se trouver hors de service pour une cause quelconque, on en est averti aussitôt par l'usage journalier.

Il faut remarquer en outre que le feu peut très bien prendre naissance entre deux avertisseurs, de sorte que ceux-ci fonctionneront seulement lorsque l'incendie sera déjà très développé et que, d'autre part, le feu peut quelquefois naître et se développer longtemps sans élévation apparente de température, pour éclater ensuite brusquement et d'une manière très grave : c'est ce qui arrive par exemple lorsqu'une poutre se consume lentement à l'abri de l'air. Malgré ces défauts, les avertisseurs peuvent rendre de réels services, et, si nous avons insisté sur leurs inconvénients, c'est surtout pour bien faire comprendre les raisons qui doivent guider dans le choix de ces appareils.

On voit qu'un avertisseur doit avoir en même temps une autre destination, afin de servir sans cesse; il doit de plus n'obéir qu'à un échauffement rapide. Il faut aussi que les différents appareils soient suffisamment rapprochés les uns des autres, et il faut surtout qu'on se garde bien, par une confiance exagérée dans ces instruments, de négliger les autres précautions nécessaires.

Les avertisseurs d'incendie sont nombreux et produisent la fermeture du circuit en utilisant les divers effets de l'élévation de température : dilatation, changements d'état, combustion.

Un certain nombre de ces appareils sont fondés sur l'inégale dilatation des métaux; on soude ensemble, sur toute leur longueur, deux lames de métaux différents. Quand la température s'élève, les deux métaux se dilatent inégalement et, par suite, la double lame se recourbe. On peut régler la disposition pour qu'à une température voulue cette lame vienne toucher une autre pièce métallique et fermer un circuit contenant une sonnerie.

Il existe d'autres avertisseurs dans lesquels les pièces destinées à établir le contact sont séparées par une matière isolante facilement fusible. La température vient-elle à s'élever? cette substance fond et laisse le contact s'établir. L'un des plus simples parmi les appareils de ce système est celui de Dupré, qui présente la forme d'un bouton de sonnerie ordinaire et sert, en effet, au même usage (*fig.* 109). Le ressort supérieur A est libre et vient toucher le ressort B quand on presse le bouton; mais la lame B est repliée par dessous en forme d'U et maintenue appliquée sur le fond par une masse isolante C, que traverse une vis. Quand la température atteint la limite voulue, cette petite masse fond, et la lame B, abandonnée à elle-même, se détend, va rencontrer la lame A et ferme le circuit. Ce petit appareil a l'avantage d'être très simple et de n'exiger aucune dépense particulière.

D'autres avertisseurs utilisent la vaporisation. Ainsi l'on peut se servir d'un tube en U plein de mercure, dont l'une des branches est fermée et contient à la

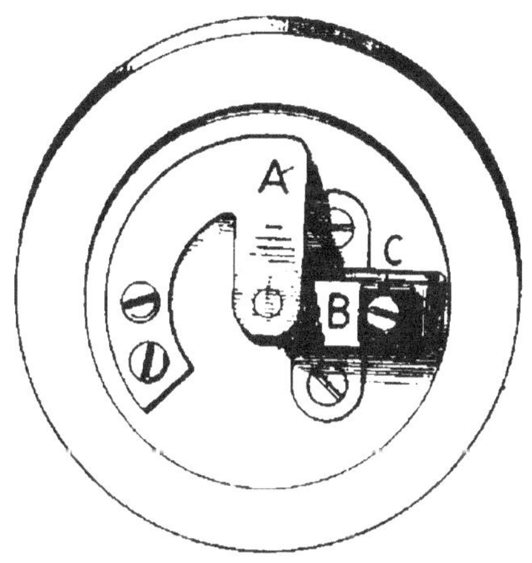

Fig. 109. — Avertisseur d'incendie Dupré.

partie supérieure une petite quantité d'un liquide volatil. Quand la température s'élève, ce liquide se vaporise, refoule le mercure, qui s'élève de l'autre côté, et vient, quand la limite voulue est atteinte, toucher deux fils de platine en communication avec une pile et une sonnerie : le circuit se trouve donc fermé, et la sonnerie se fait entendre.

Il existe enfin des avertisseurs dans lesquels la

destruction par le feu d'une pièce facilement combustible produit le déplacement qui doit fermer le circuit.

Voici, par exemple, l'un des plus simples. Deux lames de cuivre, séparées par une petite distance, communiquent avec les deux pôles d'une pile. Un poids est suspendu au-dessus d'elles; lorsque le fil qui le soutient vient à brûler, il tombe et amène les deux lames au contact; une boîte ou une cloche protège l'appareil contre la poussière.

Nous signalerons enfin le fil avertisseur de MM. Joly et Barbier, qui évite l'inconvénient de n'avoir que des appareils plus ou moins dispersés, et permet d'établir, sans grande dépense, un réseau protecteur, passant par tous les points où l'on juge cette précaution nécessaire. Ce fil peut même remplacer les conducteurs ordinaires pour sonneries : il consiste en un câble formé de deux fils isolés par de la gutta-percha et serrés fortement l'un contre l'autre. L'un des fils est relié à l'un des pôles de la pile, l'autre à la sonnerie et à l'autre pôle. En cas d'incendie, la gutta fond et les deux fils, se trouvant au contact, ferment le circuit. On peut aussi placer entre les fils isolés une petite bande d'alliage fusible, qui servira à établir un meilleur contact. Ce système a l'avantage de pouvoir être employé concurremment avec un de ceux qui précèdent, de manière à augmenter les chances de protection.

Avertisseur de fuites de gaz. — Dans les théâtres qui possèdent encore l'éclairage au gaz, l'électricité peut être employée utilement pour la recherche des fuites.

L'avertisseur de M. Exupère se compose d'une boîte circulaire plate et verticale, dont les deux faces sont formées de lames de cuivre très minces, ondulées comme celles des baromètres anéroïdes. La face postérieure est fixée à l'extrémité d'un petit tuyau à robinet, qui peut se visser sur un raccord appartenant à une canalisation quelconque. La face antérieure, qui est libre, porte en son centre une pointe métallique, sur laquelle vient s'appuyer, sous la pression d'un ressort antagoniste, un levier vertical, mobile autour de son extrémité supérieure. Quand la boîte est remplie de gaz, la pression distend un peu les deux lames ondulées; la face antérieure de la boîte repousse le levier vertical et l'écarte d'un contact placé près de son extrémité inférieure. S'il existe une fuite, ou si l'un des robinets de la canalisation est resté ouvert, la pression diminue peu à peu, la boîte reprend sa forme et le levier vertical vient toucher le contact fixe; le circuit se trouve ainsi fermé et la sonnerie tinte.

XVIII

LE THÉATROPHONE

Historique. — Les premières applications du téléphone aux auditions théâtrales eurent lieu en 1881, à Paris, lors de la première exposition d'électricité. Vingt transmetteurs microphoniques Ader, semblables à ceux qu'on emploie pour les communications ordinaires, étaient disposés au bord de la scène de l'Opéra, en avant de la rampe et de chaque côté du trou du souffleur. Chacun de ces appareils, soutenu par un socle en plomb et séparé de la boiserie par des champignons en caoutchouc, était relié avec une pile et avec le fil primaire d'une bobine d'induction, dont le fil induit communiquait, par une ligne souterraine à deux conducteurs, avec les récepteurs du même système, placés au palais de l'Industrie, dans deux salles spécialement aménagées pour ces auditions. Des tapis sur les parquets, des tentures épaisses le long des cloisons verticales, étouffaient complètement les bruits extérieurs. Les récepteurs Ader étaient au nombre de 80; 40 personnes, 20 dans chaque salle, pouvaient donc écouter simultanément. L'audition durait environ cinq minutes.

Si les deux récepteurs destinés à une même personne avaient été mis en relation avec le même microphone ou avec deux microphones voisins, l'intensité du son perçu aurait varié d'une façon notable, suivant que l'acteur se serait trouvé du côté correspondant de la scène ou du côté opposé; pour éviter ces inégalités, les récepteurs d'une même paire étaient reliés à deux microphones placés l'un à gauche, l'autre à droite du trou du souffleur. De cette manière, l'intensité de la transmission était à peu près constante, l'une des oreilles étant impressionnée plus fortement lorsque l'autre l'était moins.

Pour éviter les inconvénients pouvant résulter de la polarisation des piles, on en employait deux séries fonctionnant alternativement pendant un quart d'heure. Une planchette garnie de contacts métalliques, qu'on manœuvrait en regard des ressorts communiquant avec les piles et les microphones, permettait d'effectuer d'un seul coup toutes les commutations. Ces auditions eurent un immense succès.

Des expériences analogues ont été répétées à Berlin, à Bordeaux et à Oldham, près de Manchester, en 1881, à Charleroi en 1884. La même année, le chalet royal d'Ostende, puis le château de Laëken, furent reliés par un téléphone au théâtre de la Monnaie, à Bruxelles. Des auditions théâtrales eurent également lieu aux expositions de Munich, de Vienne, à l'Exposition universelle de 1889, et plus récemment à celle de Francfort.

En 1888, des essais d'auditions théâtrales à longue distance furent faits entre Paris et Bruxelles, sous la direction de M. Mourlon. La cabine d'audition, renfermant des récepteurs perfectionnés qui communiquaient avec les transmetteurs disposés à Paris sur la scène de l'Opéra, était installée dans les souterrains du pavillon de droite de l'Exposition de 1880. Une première séance d'essai donna de très bons résultats, et l'on put entendre les *Huguenots* avec une netteté de son parfaite. Quelques jours après, on convia un grand nombre d'invités à entendre *Guillaume Tell*, mais la transmission fut beaucoup moins bonne. On attribua cet insuccès à la curiosité d'un employé, qui aurait détourné le courant à son profit.

En Amérique, les auditions par téléphone sont déjà, d'après *The Electrical Engineer*, entrées dans la pratique depuis plusieurs années, et cette nouvelle branche de la téléphonie est exploitée par une société spéciale, la *Long distance Company*.

On se sert de transmetteurs presque aussi nombreux que les instruments et placés devant chaque musicien; ainsi, pour un quintette, on en emploie quatre. Ces appareils sont munis de pavillons plus ou moins grands, suivant les sons qu'ils doivent transmettre; ils sont placés en dérivation sur une batterie d'accumulateurs, chacun d'eux ayant dans son circuit le fil primaire d'une bobine d'induction spéciale. Les circuits secondaires de ces bobines sont montés en tension entre eux et avec la ligne, de sorte que les forces électromotrices d'induction développées dans chaque bobine s'ajoutent à chaque instant.

A l'arrivée, on se sert de récepteurs spéciaux, qui sont des *loud-speaking telephones* d'Edison, et qui sont disséminés en divers points de la salle, en nombre variable suivant son étendue. On a pu ainsi, avec quatre transmetteurs et six récepteurs en tension, munis de porte-voix bien proportionnés, transmettre ces quintettes à 250 milles, de New-York à Newton, dans le Massachusetts, et les faire entendre à plus de 1000 personnes à la fois. Dans d'autres cas, la distance a pu être portée à 460 milles (736 kilomètres).

But du théâtrophone. — Les expériences du palais de l'Industrie et celles qui ont été faites depuis dans diverses contrées ont parfaitement mis en évidence la possibilité d'entendre, sans quitter son fauteuil, une représentation théâtrale quelconque, non seulement dans la même ville, mais aussi à une grande distance. On possédait, dès 1881, des appareils assez perfectionnés pour cet usage, et la question ne présentait évidemment aucune difficulté théorique; mais, en revanche, il y avait de nombreuses complications pratiques : il fallait s'entendre avec les directeurs de théâtres pour la pose des récepteurs, relier ceux-ci par des lignes particulières à un bureau central installé exprès, et établir ensuite les communications avec les abonnés. Tout celà explique pourquoi il a fallu dix ans avant d'arriver à une solution.

« Nous souhaitons, disait M. de Parville, à la suite des premières expériences, que le public soit bientôt mis à même d'assister, au bout d'un fil télégraphique, aux représentations de l'Opéra, de l'Opéra-Comique et de la Comédie-Française. Il est de règle en ce monde que toute chose nouvelle doit passer par une période d'évolution. On commencera par aller entendre l'opéra dans un local approprié, qui remplacera les salons de l'Exposition; puis, peu à peu, on tiendra à rester chez soi et à entendre ce qui se passe à la Comédie-Française, puis à la place Favart, et l'on réclamera un réseau théâtral. On s'abonnera aux téléphones de l'Opéra, de l'Opéra-Comique, etc., comme on s'abonne aujourd'hui aux téléphones de la Société générale. »

Cette prévision s'est réalisée aujourd'hui, grâce à l'initiative de MM. Marinovitch et Szarvady, et l'on peut entendre les représentations de nos principaux théâtres, non seulement de Paris, mais encore des principales villes de France, et même de Londres.

La Compagnie du Théâtrophone, qui a son siège rue Louis-le-Grand, 23, a été créée dans ce but. Moyennant un abonnement fixé actuellement à 180 fr. par an, les abonnés au réseau téléphonique de Paris et de la banlieue peuvent entendre à domicile les représentations des divers théâtres de Paris, au moyen de leurs appareils téléphoniques ordinaires; mais la Société perçoit, en outre, un droit de 15 francs pour chaque soirée d'audition, quel que soit le nombre des auditeurs; ceux-ci peuvent, d'ailleurs, pendant le courant de la soirée, changer de théâtre aussi souvent qu'ils le désirent, ou rester en relation avec la même scène. Ces auditions ne peuvent avoir lieu que d'après une demande, qui peut, du reste, être faite d'avance ou dans le cours même de la soirée.

Cette Société a également organisé des auditions dans un certain nombre d'établissements publics, hôtels, cafés, restaurants, cercles. Ces établissements sont réunis par petits groupes, au moyen d'un réseau particulier, avec le poste central, situé au siège de la Société, et qui communique lui-même avec les divers théâtres; ils reçoivent, pour le fonctionnement et le contrôle de cette audition, des appareils spéciaux que nous décrirons plus loin. Dans ces établissements, les appareils sont prêts à fonctionner tous les soirs, sans qu'il soit nécessaire de faire une demande.

Appareils employés dans les théâtres. — La Compagnie du théâtrophone possède, à proximité de la scène, dans tous les théâtres avec lesquels elle a un traité, un local contenant les piles, les commutateurs et les bobines d'induction. Les piles sont des éléments de Leclanché ou de Lalande et Chaperon, au nombre de 6 ou 8. Les transmetteurs microphoniques sont placés sur la scène, soit devant, soit derrière la rampe; ils sont reliés aux piles et aux fils primaires des bobines d'induction. Les fils secondaires de ces bobines sont reliés au bureau central par des lignes, dont le nombre varie avec l'importance du théâtre et le nombre probable des demandes d'audition, et qui aboutissent à la rosace décrite plus loin.

Installation du poste central. — Le poste central

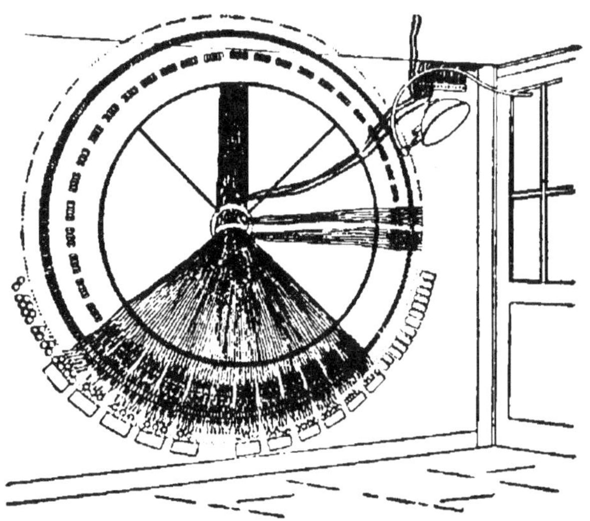

Fig. 110. — Rosace des lignes du théâtrophone.

est situé rue Louis-le-Grand, dans le sous-sol : il a pour parties essentielles une rosace et un tableau de distribution. La rosace (*fig.* 110) comprend : 1º les lignes qui relient le poste central aux différents théâtres; 2º les lignes spécialement affectées au service du théâtrophone, c'est-à-dire destinées à mettre en communication le bureau central avec les établissements où ont lieu les auditions quotidiennes; 3º les lignes nombreuses qui vont du poste au bureau de l'avenue de l'Opéra, pour établir les communications avec les abonnés particuliers du théâtrophone; 4° enfin la *ligne de ville*, qui réunit le poste au bureau central de l'avenue de l'Opéra pour les communications de service.

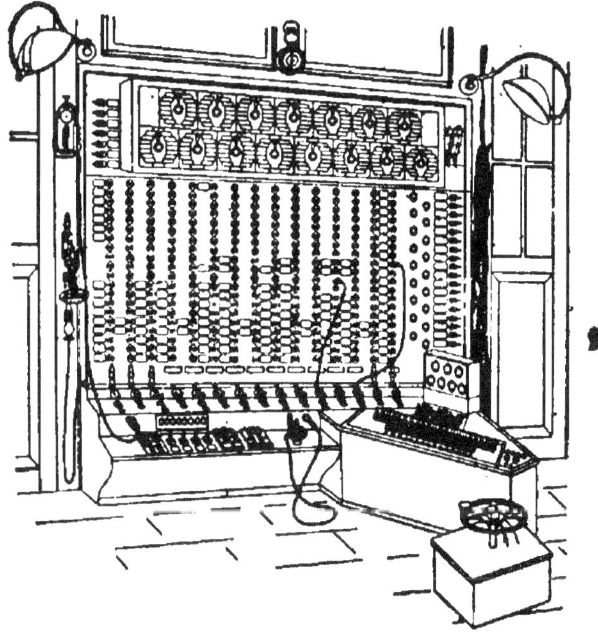

Fig. 111. — Tableau de distribution des lignes du théâtrophone.

Ces différentes lignes se continuent ensuite par des fils paraffinés jusqu'à un tableau de distribution (*fig.* 111), comprenant des annonciateurs et des conjoncteurs analogues à ceux des bureaux centraux ordinaires, et qui est complété par un commutateur à manivelle, communiquant avec des télégraphes répétiteurs à aiguille en nombre égal à celui des lignes de théâtrophones.

Le courant qui fait mouvoir ces répétiteurs, ainsi que les indicateurs à aiguille placés dans tous les établissements abonnés au théâtrophone, est fourni par la canalisation générale du quartier et sert en outre à alimenter les lampes à incandescence qui éclairent le bureau; aussi la face postérieure du tableau porte des coupe-circuits pour obvier aux accidents.

Une seule téléphoniste suffit à desservir le bureau; elle fait communiquer avec les théâtres les abonnés particuliers qui ont demandé une audition, contrôle à distance le service chez ces abonnés et dans les établissements publics et enfin change périodiquement le programme d'audition de ces derniers en les reliant successivement aux divers théâtres.

Auditions particuliéres. — Pour les abonnés particuliers, le service des auditions à domicile se fait par l'intermédiaire du bureau de l'avenue de l'Opéra et de la ligne de l'Administration des téléphones qui va chez cet abonné; il suffit donc que le poste de la rue Louis-le-Grand soit relié, comme nous l'avons vu, avec l'avenue de l'Opéra par un nombre suffisant de conducteurs. L'abonné est mis en communication, par le poste de cette avenue, avec la Compagnie du théâtrophone, et celle-ci à son tour le relie au théâtre dont il désire entendre la représentation. Lorsqu'un abonné du réseau téléphonique est ainsi relié au théâtrophone, il ne peut plus communiquer directement avec un autre abonné, car les annonciateurs des différents postes centraux restent en dehors du circuit, mais il peut toujours communiquer avec le bureau de la rue Louis-le-Grand, où un relais Ader, très sensible, permet d'entendre ses appels.

Ce bureau peut donc lui donner telle communication qui lui convient, par exemple, lui permettre de causer, pendant l'entr'acte, avec un ami relié à un autre théâtre. Si la téléphoniste du théâtrophone a besoin, pour cela, de se mettre en relation avec le bureau de l'avenue de l'Opéra, elle l'appelle par l'intermédiaire de la ligne de ville, destinée à cet usage.

Auditions quotidiennes dans les établissements publics. — Pour les établissements publics qui veulent avoir des auditions quotidiennes, le dispositif est plus compliqué : ils possèdent des appareils portatifs, à perception automatique, appelés *théâtrophones*, qui peuvent être installés en nombre quelconque dans les différentes salles et reliés à des prises de courant. Chacun de ces appareils (*fig.* 112), peut être mis en circuit, au moyen d'une fiche qui pénètre dans une mâchoire fixée à la muraille et munie de contacts métalliques, et qui est reliée avec lui par un cordon souple. Il porte deux récepteurs téléphoniques, qu'on fait communiquer automatiquement avec la ligne, en introduisant une pièce de monnaie dans l'une des deux fentes ménagées à cet effet à la partie supérieure du théâtrophone. Au bout de cinq ou dix minutes, suivant la valeur de la pièce de monnaie, un nouveau déclenchement la fait tomber au fond de la boîte et inter-

rompt l'audition. Un cadran, placé sur la face antérieure, indique le nombre de minutes écoulé, et
prévient l'auditeur du moment où la communication
va être coupée; si celui-ci désire prolonger la séance,
il n'a qu'à introduire dans la fente une nouvelle pièce

Fig. 112. — Théâtrophone.

de monnaie avant que l'aiguille indique la fin de
la première période. L'appareil fait également connaître le théâtre avec lequel il est actuellement en
communication.

Mécanisme des théâtrophones. — Le mécanisme
qui actionne les théâtrophones est très ingénieux,
mais très compliqué; nous en indiquerons seulement
le principe. La pièce de monnaie introduite dans l'une

des fentes suit un plan incliné, qui la conduit sur une petite plate-forme mobile autour d'un levier, et qu'elle fait basculer par son poids. Ce mouvement de bascule fait mouvoir une ancre qui déclenche, pour cinq ou dix minutes, suivant le chemin suivi par la pièce, un mécanisme d'horlogerie entraînant l'aiguille qui fait connaître à l'auditeur le nombre de minutes écoulé. En même temps, un petit cylindre réunit deux ressorts et ferme le circuit du téléphone. La pièce de monnaie tombe ensuite au fond de l'appareil, et la plate-forme se relève, prête à en recevoir une autre.

Dans les premiers temps, on parvenait à obtenir des auditions en fraude : ainsi, en secouant l'appareil, on faisait basculer la plate-forme et déclencher le mécanisme d'horlogerie. Pour éviter cet inconvénient, on a ajouté de petits contrepoids qui viennent caler le volant du mécanisme ou couper le circuit, dès que l'appareil n'est plus horizontal. Les pièces trop petites ou les objets analogues introduits dans les fentes tombent au fond de la boîte avant d'arriver au plan incliné. Enfin, lorsque l'appareil n'est pas prêt à fonctionner, la pièce, au moyen d'une petite trappe placée sur le plan incliné, tombe dans un tube qui la ramène au dehors.

Outre les théâtrophones, chaque établissement public possède un récepteur à cadran, semblable à ceux qui se trouvent sur le tableau de distribution, et qui doit être placé bien en évidence. Cet appareil indique, par la position de son aiguille (*fig.* 113), le nom du théâtre qui se trouve relié avec le théâtrophone de cet établissement. Le client sait donc toujours quel genre de spectacle il va entendre, et, comme les com-

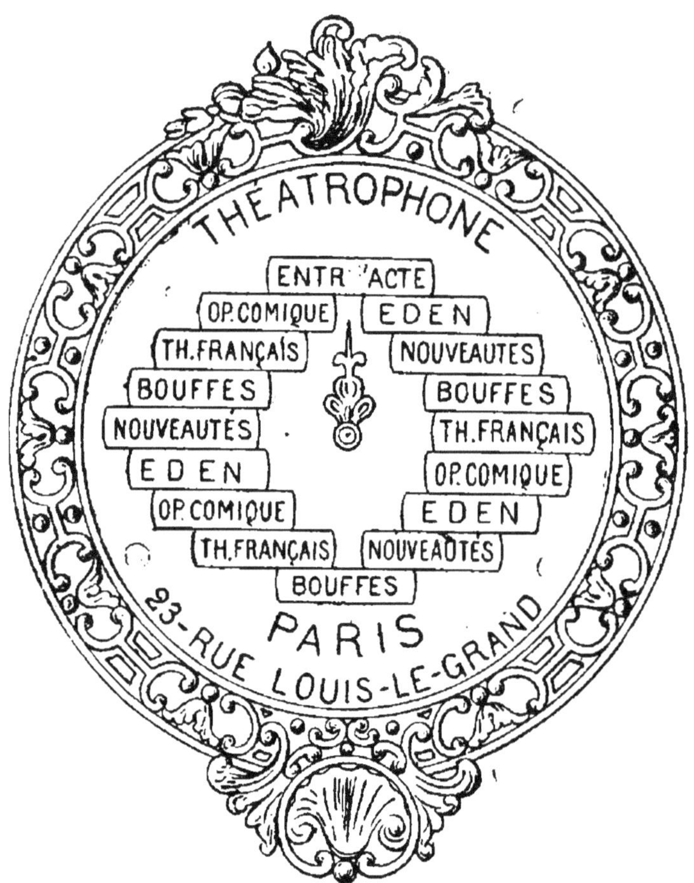

Fig. 113. — Cadran indicateur du théâtrophone.

munications sont fréquemment changées dans le cours d'une même soirée, il peut attendre que l'aiguille indique le spectacle de son choix.

Le mécanisme de ces récepteurs est très simple et

très ingénieux. L'électro-aimant E (*fig.* 114), qui a une
résistance de 600 ohms, est muni de pièces polaires PP' largement épanouies et évidées en forme de
cercle. Dans cette cavité tourne librement autour du
centre, et avec très peu de jeu, une armature de fer
doux *c*, folle sur son axe *a*, et qui a la forme d'un double

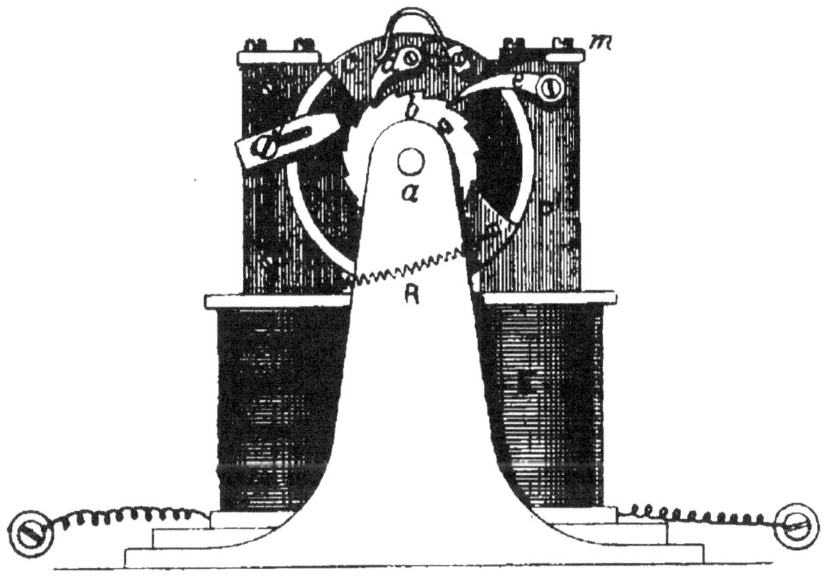

Fig. 114. — Mécanisme du cadran indicateur.

secteur. Lorsque le courant ne passe pas, cette armature est maintenue appuyée contre la butée *m*, ainsi
que le montre la figure, par l'action du ressort R.
Quand l'électro devient actif, l'armature tourne en
sens contraire des aiguilles d'une montre, entraînant
avec elle, par l'intermédiaire du cliquet *d*, la roue
dentée *b*, également folle sur son axe, et l'aiguille,
non dessinée, qui est fixée à cette roue, L'amplitude

de ce mouvement est réglée par la position de la butée f, qui arrête l'armature par le coincement du cliquet d. Dès que le courant est interrompu, l'armature est ramenée à sa position par le ressort R, mais le cliquet e empêche la roue b de revenir en arrière. A chaque émission de courant, l'aiguille fixée à cette roue avance d'un tour sur le cadran. Tous les récepteurs fonctionnent en dérivation avec une tension de 100 volts.

Le manipulateur de ce petit télégraphe se voit à droite de la fig. 111; il se compose d'un tambour en bois dont la surface latérale est garnie de cuivre sur deux quarts de cercle diamétralement opposés. Quand le volant à manivelle qui commande ce tambour fait un tour entier, deux balais parallèles se trouvent deux fois en contact avec les lames de cuivre et produisent deux émissions de courant. Quelle que soit la rapidité de la manipulation, on est certain que les périodes d'ouverture et de fermeture du circuit se succèdent régulièrement et à intervalles égaux.

Disposition pour les entr'actes. — Dans les établissements publics, il peut arriver que les cinq ou dix minutes d'audition, auxquelles a droit toute personne qui a mis une pièce de monnaie dans l'appareil, coïncident plus ou moins complètement avec les entr'actes des théâtres que la Société peut faire entendre. Pour éviter cet inconvénient, lorsqu'il arrive par hasard qu'il y a entr'acte simultanément dans tous les théâtres du réseau, la Société fait entendre un

pianiste et un chanteur qu'elle a constamment à sa
disposition, dans ce but, aux heures des représentations. Pendant ce temps, toutes les lignes du théâtrophone sont reliées à la salle où se trouvent ces deux
artistes, et toutes les aiguilles des cadrans indicateurs
sont sur le mot *entr'acte*; le public est donc prévenu.

Appareils accessoires du bureau central. —
Nous avons dit que le tableau de distribution porte
des répétiteurs à aiguille qui reproduisent les indications des cadrans indicateurs placés dans les divers
établissements publics du réseau. La téléphoniste n'a
donc qu'à jeter un coup d'œil sur ces répétiteurs pour
savoir quels sont les théâtres qui communiquent avec
ces divers établissements; elle peut en outre contrôler
le fonctionnement des théâtrophones en plaçant son
appareil d'opérateur, du type Berthon-Ader, non pas
directement dans le circuit, ce qui augmenterait sa
résistance, mais à proximité, au moyen d'un levier à
touche; elle obtient par induction un son faible, mais
très net, qui suffit pour le contrôle.

Enfin le bureau central possède encore un dispositif
qui permet, à chaque instant, de mesurer la résistance
de la ligne d'un abonné qui écoute, assez vite pour
qu'il ne puisse même pas s'en apercevoir. L'employé
chargé de ces mesures possède un tableau qui indique
la résistance normale de la ligne de chacun des
abonnés, lorsqu'il est relié à l'un quelconque des
théâtres : il suffit donc de vérifier si la ligne possède
cette résistance pour s'assurer si elle est en bon état.

On se sert pour cela d'un pont de Wheatstone avec galvanomètre à miroir et échelle, non figurés, et d'une série de commutateurs à double fil à deux directions A_1, A_2, A_3..., B, C, D (*fig.* 115).

Si, par exemple, l'employé veut vérifier l'état de la ligne de l'abonné qui écoute sur la ligne n° 2, il commence par régler la résistance variable du pont

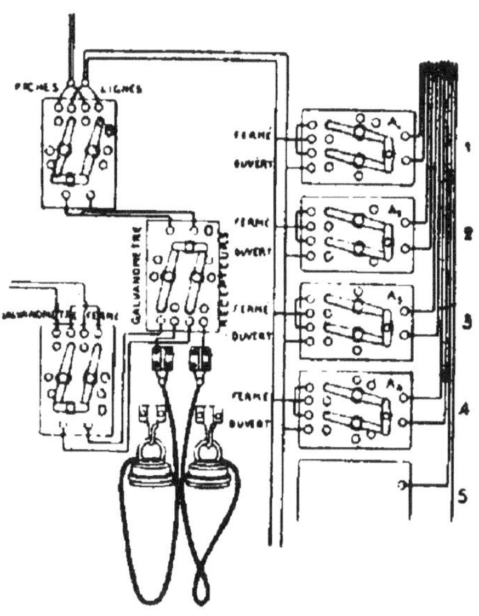

Fig. 115. — Diagramme des communications servant à mesurer les résistances des lignes d'abonnés au théâtrophone.

de manière à obtenir l'équilibre pour la résistance normale que doit présenter la ligne considérée. Il place alors le commutateur A_2 sur l'indication « Ouvert »; puis, fixant les yeux sur l'échelle du galvanomètre, il établit la communication avec le pont pendant un instant très court au moyen du commutateur D. Si la ligne est en bon état, l'image lumineuse ne bouge pas.

Le commutateur C sert seulement à intercaler sur la ligne de l'abonné une paire de récepteurs; B permet de relier le pont de Wheatstone avec un cordon souple à deux brins, terminé par une fiche, qui sert à rattacher au pont l'un quelconque des câbles aboutissant au tableau, afin d'effectuer aisément toutes les mesures locales de résistance dont on peut avoir besoin.

TABLE DES MATIÈRES

VIII. — Effets de scène fondés sur la grande intensité de la lumière électrique.

IX. — Imitation des phénomènes naturels.

X. — Projections et fantasmagorie.

XI. — Spectres et illusions d'optique.

XVII. — Les appareils électriques de protection.

XVIII. — Le théâtrophone.